ESCOLHAS SUSTENTÁVEIS

Rafael Morais Chiaravalloti
e Cláudio Valadares Pádua

ESCOLHAS SUSTENTÁVEIS

Discutindo biodiversidade, uso da terra, água e aquecimento global

editoraurbana

Direitos em língua portuguesa para o Brasil:
Editora Urbana Ltda.
atendimento@matrixeditora.com.br
www.matrixeditora.com.br

Capa:
Daniela Vasques

Projeto gráfico e diagramação:
Daniela Vasques

Revisão:
Rita Rocha
Adriana Parra

Dados Internacionais de Catalogação na Publicação (CIP)
SINDICATO NACIONAL DOS EDITORES DE LIVROS, RJ.

Chiaravalloti, Rafael Morais
Escolhas sustentáveis : discutindo biodiversidade, uso da terra, água e aquecimento global / Rafael Morais Chiaravalloti e Cláudio Valadares Pádua. - São Paulo : Urbana, 2011.

Inclui bibliografia

1. Meio ambiente. 2. Proteção ambiental. 3. Desenvolvimento sustentável. 4. Biodiversidade. 5. Aquecimento global. 6. Educação ambiental. I. Valladares-Padua, Claudio, 1948- II. Título.

11-1337. CDD: 363.7
CDU: 502.1

"Tudo, creio, já foi pensado e dito por tantos e tontos. Ou quase tudo. Ou quase tontos. De modo que não há novidade debaixo do sol – e isso também já foi dito. "Os temas do mundo são pouco numerosos e os arranjos são infinitos" – falou Barthes. Então, o que se pode fazer de melhor é dizer de outra forma".

Manuel de Barros, em entrevista para o jornal Correio Braziliense.

Apresentação

A ideia desse projeto surgiu em um almoço. Na verdade, surgiu na noite após o almoço. Como eu (Rafael) tinha comido algo muito pesado antes de dormir, estava com azia. Em um momento da noite percebi que estava em um dos mais terríveis processos do ser humano: a insônia.

A insônia inverte toda uma lógica natural, pois, para poder dormir, cria-se uma auto-obrigação de pensar em algo para pensar. E, embora pareça redundante, é exatamente disso que ela se alimenta. Pois a obrigação do pensamento leva a um desespero para pensar em alguma coisa, aumentando cada vez mais a insônia. E no lapso de pensamento lembrei-me da conversa da qual tinha participado no almoço daquele dia.

A conversa foi com o empresário Guilherme Leal, um dos maiores investidores em sustentabilidade no Brasil. No entanto, ele perguntava sobre resultados de pesquisas que tínhamos realizado na área ambiental, os quais não conseguia enxergar.

O que estava acontecendo naquela conversa era que toda a informação ambiental tinha sido publicada em forma de artigos científicos que o nosso amigo Guilherme não tinha lido e, por isso, perguntava dos resultados.

Não ler artigos científicos é algo completamente normal; talvez, nesse caso, anormal seja lê-los. Simplesmente porque, na média, eles são cheios de gráficos, contas, fórmulas e com uma linguagem truncada. Apesar de conter importantes informações, atualmente, poucas pessoas animam-se a lê-los. Por isso, naquele momento de insônia, concluí que seria interessante fazer algo para ligar esses dois mundos, transformando a linguagem científica em algo mais prazeroso de ler.

Passado um tempo, falei sobre essa ideia para o Cláudio Pádua, que, incrivelmente, me levou a sério. E, com a essencial ajuda de dezenas de pessoas, conseguimos levar essa ideia adiante.

Rafael Morais Chiaravalloti

Sumário

Prólogo

Escolhas sustentáveis

O mundo é feito de escolhas. Quando, ao meio-dia, um leopardo sentado na grama do Serengeti observa um filhote de zebra passar, ele terá de fazer a seguinte escolha: correr atrás do filhote e tentar comê-lo ou esperar por outra oportunidade. A decisão do leopardo de correr ou não é baseada em inúmeras variáveis, e o conhecimento preciso delas lhe dará argumentos para sua decisão. Uma grande distância entre ele e o filhote pode ser um argumento contra, pois não há tempo suficiente para alcançar o filhote antes que ele fuja. Ou, mesmo que a distância seja grande, o leopardo conhece bem o ambiente e sabe que não existem muitos locais de fuga, sendo vantagem correr atrás do filhote. A decisão também depende da sua fome, pois ele pode já estar satisfeito e não valeria a pena gastar energia correndo atrás de um filhote de zebra. São tantas as variáveis que apenas perguntando para o leopardo teríamos certeza de quais são. De qualquer forma, é com base nesses argumentos, contra e a favor, que ele tomará a decisão.

No entanto, mesmo que a análise seja complexa, o resultado nem sempre é garantido. Inúmeras vezes os ataques de leopardos e de muitas outras espécies fracassam. O leopardo, por exemplo, que apresenta uma das maiores taxas de sucesso de caçada, consegue pegar apenas cerca de 40% de suas presas (BALME, 2007). É interessante dizer que, para minimizar as possibilidades de variáveis, muitos indivíduos na natureza tendem a se alimentar basicamente de um mesmo tipo de presa. Quando isso ocorre, aumenta-se o poder da decisão de caça, pois já se conhecem bem todas as características da presa.

Há estudos com onças, por exemplo, que mostram que a mãe ensina o filhote a caçar apenas um tipo de presa e, quando adulto, o indivíduo continua alimentando-se daquilo que aprendeu a caçar (CAVALCANTI, 2008). Nesse manejo de decisões certas e erradas, aqueles que conseguem ter maior clareza das variáveis que estão em jogo terão mais chances de sobreviver.

Os seres humanos, como todos os outros seres vivos, também precisam constantemente tomar decisões. Embora atualmente poucas pessoas tenham que decidir se devem caçar um filhote de zebra ou não, todos devemos decidir se apoiamos uma opinião, se defendemos o desmatamento em prol do desenvolvimento ou se a batata frita do McDonald's será do tamanho médio, grande ou pequeno. E assim, como no caso do leopardo, nossas decisões serão baseadas em infinitas variáveis que nos farão escolher qual será o tamanho da batata. Se a pessoa está realmente com fome, se tem dinheiro ou se adora tanto a batata frita que, mesmo sem dinheiro e sem fome, fará um empréstimo para comprá-la no tamanho grande.

Para não ficar uma hora na fila do McDonald's tentando decidir qual o tamanho da batata, precisamos de argumentos para a nossa decisão. Precisamos saber quais as consequências de nossas atitudes e quais as vantagens de optarmos por um ou outro lado. Para isso, normalmente, usamos um conhecimento prévio, que nos dará mais segurança na tomada de decisão. Esse conhecimento pode vir de experiências adquiridas durante a vida, como as inúmeras tentativas que o leopardo faz para ter mais precisão em suas decisões, ou através de um conhecimento gerado por outros que nos nortearão na tomada de decisões certas.

Quando um filhote de onça aprende com sua mãe a melhor maneira de caçar, ele terá muito mais vantagem do que aquele que, por tentativa e erro, foi descobrindo por si mesmo qual seria a melhor maneira. Aliás, uma das maiores dificuldades dentro da conservação ambiental é a introdução na natureza de animais que não tiveram o aprendizado com a mãe. Alguns pesquisadores dizem que é praticamente impossível. Entre os seres humanos, além do que aprendemos com nossa mãe, há o conhecimento gerado pela sociedade. Temos uma grande ferramenta a nosso favor para tomarmos as decisões certas: a ciência.

A ciência é baseada em metodologia e replicação. Metodologia inclui os materiais utilizados e os passos do seu experimento, semelhante a uma receita de bolo. Por exemplo, um confeiteiro que está destinado a provar que, misturando farinha, ovos, leite, manteiga e açúcar, é possível criar um belo bolo, a fim de validar a sua receita, terá que descrever quais são exatamente os ingredientes e qual a ordem em que devem ser misturados. No intuito de deixar mais claro o que seria a metodologia, algumas pessoas preferem usar, com algumas restrições, o nome "material e métodos do estudo". A replicação refere-se à possibilidade de, ao refazer um estudo científico, seguindo a metodologia descrita, chegar ao mesmo resultado a que o autor do experimento chegou. Por exemplo, se alguém repetir a receita do confeiteiro centenas de vezes seguindo os passos descritos por ele e sempre gerar um belo bolo, significa que o confeiteiro conseguiu provar cientificamente que, misturando aqueles ingredientes e seguindo aqueles passos, sempre será criado um bolo. Com essa receita em mãos, qualquer pessoa que tentar segui-la deverá criar um bolo.

Sabendo que um fato é replicável, não precisamos testá-lo para verificar sua veracidade, o que nos facilita as decisões. Por exemplo, é provado cientificamente que exercício físico faz bem à saúde e prolonga a expectativa de vida. No entanto, muitos jovens que fazem exercício apresentam saúde semelhante a outros jovens que não o fazem. Se colocarmos em uma sala jovens que fazem e que não fazem exercício físico, provavelmente não haverá grandes diferenças. O que para os jovens que fazem exercício parece ser uma grande frustração, pois não percebem o efeito do exercício, passa a não ser, uma vez que eles acreditam na ciência e a sua escolha de fazer exercício físico agora está baseada em recompensas futuras. Portanto, mesmo que eles não tenham experimentado o bem-estar de uma velhice saudável, eles escolhem fazê-lo em razão de a ciência apresentar argumentos que mostram os possíveis resultados da ação.

A ciência por si só, no entanto, nem sempre move as pessoas para as decisões mais corretas. Uma história interessante é a do uso do amianto, também chamado de asbesto. Amianto é uma designação comercial genérica para a variedade fibrosa de seis minerais metamórficos de ocorrência natural e utilizados em vários produtos comerciais. Trata-se de um material com grande flexibilidade e com resistências química, térmica e elétrica muito elevadas, o que o torna útil para a construção civil. Contudo, o amianto também é muito tóxico para a saúde humana. Segundo Mendes (2001), em 1907, o médico inglês H. Montagne Murray publicou a primeira nota científica sobre a morte de um trabalhador exposto ao amianto em atividades de fiação. Cooke, em 1924, foi o primeiro a estabelecer um quadro clínico de pacientes com problemas graves ocasionados pela exposição de amianto. Em 1930, Merewether e Price apresentaram um relatório detalhado ao parlamento britânico, dando enfoque a estudos epidemiológicos referentes às doenças causadas pelo amianto. Em 1935, Gloyne estabeleceu a existência de relação entre o contato com amianto e a presença de células cancerígenas no pulmão. Os estudos seguem-se até hoje, com constantes provas dos perigos do amianto para a saúde humana.

Contrariamente às provas científicas, as restrições ao uso do amianto começaram a ser discutidas na década de 1970, mas somente na década de 1990 um grupo maior de países proibiu seu uso, ou seja, foram quase cem anos de atraso entre a primeira prova científica dos danos para a saúde humana e a sua proibição. Embora a ciência seja uma grande ferramenta para nos ajudar a tomar decisões, muitas vezes, como nesse caso extremo do amianto, a sociedade não usa a informação a seu favor rapidamente para ajudar nas decisões.

Para acompanhar o avanço da ciência, uma segunda característica necessária é a transparência das ações. Se alguém que se preocupa com a conservação ambiental das florestas tropicais descobre que a empresa que produz seu chocolate preferido destrói essas florestas, terá mais argumentos para decidir se deve ou não continuar comprando aquele chocolate. O contrário também é válido: se ela toma conhecimento de que a empresa investe em conservação das florestas tropicais, poderá ficar estimulada a comprar aquele chocolate. A transparência das ações ajuda nas decisões. Para uma empresa que produz determinado produto, é sempre válido que, diante das provas científicas, ela situe os seus produtos. Talvez pareça uma premissa inocente pedir às empresas que sejam transparentes em suas ações – dizer o que fazem de errado –, contudo, a sociedade tem em suas mãos uma ferramenta que tem revolucionado o modo de buscar uma economia mais transparente: a internet e as suas redes sociais, chamada por alguns de web 2.0.

A web 2.0 é um termo criado para designar a geração de comunidades e serviços baseados principalmente em redes sociais, como *Orkut*, *MySpace*, *YouTube*, *Twitter* e *Facebook*. É interessante notar que a própria criação do *Facebook* aconteceu a partir da tentativa de tornar os problemas pessoais e fotos comprometedoras dos alunos de Harvard mais transparentes. O sucesso foi tanto que Mark Zuckerberg, seu criador, foi para o Vale do Silício, na Califórnia, encontrar Shawn Fanning (criador do *Napster*) para montar o que conhecemos hoje como *Facebook*. Mas a grande importância das redes sociais para nossas escolhas não se baseia nas fotos comprometedoras, e sim na rápida dissipação da informação. Por isso, a partir do momento em que o impacto ambiental de algum produto, mercadoria ou serviço é identificado por um grupo de pessoas, essa informação poderá ser compartilhada e espalhada rapidamente. A pressão por parte da sociedade já é tanta, que algumas empresas criaram cargos específicos para fazer esse acompanhamento. A pessoa tem a função de olhar *blogs*, grupos de discussão, comunidades virtuais e verificar se existem comentários sobre a empresa ou a marca. No entanto, as redes sociais podem ser uma faca de dois gumes, pois podem propagar informações inverídicas.

Para que informações verdadeiras e falsas não se misturem, as empresas podem divulgar essas informações antes que sejam geradas por terceiros, e o melhor modo de fazer isso é por meio da elaboração de relatórios. Em relação à questão da sustentabilidade, o modo mais seguro de informar as dificuldades na redução do impacto social e ambiental, assim como as ações sustentáveis desenvolvidas, é pelo uso das diretrizes estabelecidas por organizações especializadas, entre as quais destaca-se a Global Reporting Initiative (GRI). A GRI é uma organização não governamental holandesa que promove a criação de relatórios de sustentabilidade entre as empresas, e que nos últimos anos tem tido cada vez mais adeptos. Até outubro de 2010, já haviam sido publicados 1.117 relatórios de sustentabilidade seguindo as diretrizes da GRI no ano, ou seja, há muita gente pensando em tornar a economia mais transparente antes que a web 2.0 o faça por eles.

Na busca de uma agenda sustentável, em setembro de 2009 foi publicado, na revista científica *Nature*, um artigo que revolucionou a maneira de fazermos nossas escolhas. O artigo, chamado "*A safe operating space for humanity*", publicado por Johan Rockström e outros colaboradores, baseia-se primeiramente na ideia de que o desenvolvimento da civilização humana só foi possível porque vivemos em um período geológico bastante estável na terra, chamado de Holoceno. Nesse período, as condições climáticas são amenas e em poucos lugares acontecem chuvas torrenciais, calor, frios, secas ou inundações extremas. Apenas por essas razões é que conseguimos desenvolver a agricultura, pecuária, cidades etc.

No entanto, o artigo pondera que esse equilíbrio é sensível e dependemos dos processos ambientais para mantê-lo, pois, caso sejam degradados a tal ponto que não promovam mais suas funções, sairemos do Holoceno e entraremos em um período extremamente conturbado, em que será impossível sustentar a agricultura, a pecuária, as cidades e todas as bases da nossa civilização. O artigo inclui oito processos que não podem ser acelerados ou danificados: perda de biodiversidade, ciclo de nitrogênio, ciclo de fósforo, mudança climática, uso da terra, acidificação oceânica, utilização de água doce e redução de ozônio estratosférico. O artigo também estima valores para as mudanças nesses processos, entretanto, como afirmou o editorial da revista na ocasião, o ponto forte do trabalho não foi fornecer números sobre os limites, mas estabelecer quais são os processos essenciais a serem conservados (*Nature*, 2009).

Contudo, embora de grande importância, ele não foi uma descoberta atual. A importância do artigo está na competência de reunir diversos estudos que já vinham sendo feitos na área de conservação ambiental.

Os primeiros estudos sistematizados começaram a ser publicados na década de 1980, com o primeiro volume da revista científica *Conservation Biology* (MEFFE et al., 2008) e o surgimento de uma disciplina chamada Biologia da Conservação. Desde então, outras revistas científicas com o mesmo objetivo foram criadas (por Exemplo, *Biological Conservation, Biodiversity and Conservation, Journal of Applied Ecology* etc.), e hoje, periodicamente, são publicados dezenas de artigos que retratam problemas ambientais. Com o passar do tempo, a Biologia da Conservação foi se aproximando de outras disciplinas, pois pesquisadores dessa área percebiam que apenas fazendo tal abordagem chegariam a resultados concretos. Atualmente, entre os temas mais citados estão a perda de biodiversidade, o uso da terra para a agricultura, o uso de água potável e o aquecimento global, os quais devem ser tratados não apenas como questões ambientais, mas como grandes temas da sustentabilidade, pois envolvem, além da preservação dos recursos, o desenvolvimento econômico e a qualidade de vida das pessoas.

Em face dessa exposição, pode-se dizer que o objetivo deste trabalho é esclarecer a relevância desses quatro temas para atingirmos a sustentabilidade, passando principalmente pelas importâncias biológicas e de mercado, mas também pelas questões sociais. E, ao final, fornecer ferramentas e argumentos para tornar as nossas escolhas mais sustentáveis.

Capítulo 1

Comentários sobre sustentabilidade

Questionamentos, ideias, ações e 17 galinhas mortas – o que seria a sustentabilidade?

Há alguns meses, um amigo nosso pensou que tivesse tido uma grande ideia. Como em sua casa já havia duas cachorras de grande porte, resolveu levar o filhote (o "Chantilly") de uma delas para um sítio. Ele acreditava que o grande espaço aberto que existia e a vida um pouco mais selvagem fariam bem a ele. Embora nos seus pensamentos mais abissais talvez ele tenha transferido para o filhote as suas vontades, realmente estava confiante de que seria uma atitude apropriada. No entanto, não contava com o aguçado gosto de seu cachorro para galinhas, especialmente as galinhas do caseiro. Ao final de seis meses, foram 17 galinhas mortas e 250 reais a menos em sua conta. Concluiu que não tivera uma boa ideia e o Chantilly voltou para sua casa.

Seus questionamentos sobre a qualidade de vida que o Chantilly e ele teriam, se o cachorro continuasse em casa, foram o princípio de ter a ideia de levá-lo para o sítio. Boas ou ruins, as ideias são ferramentas do autoquestionamento, movem o homem em direção ao confronto de sua natureza e são veículos de crescimento pessoal e social. O exercício de questionar o presente e projetar ideias para o futuro é fundamental. A história do mundo é, basicamente, feita de ideias.

Foi no questionamento sobre o presente que também surgiu a ideia de sustentabilidade. A indignação e a não aceitação das enormes injustiças sociais e a avançada degradação ambiental fizeram muitas pessoas idealizarem um mundo melhor e mais justo. Um mundo em que a economia, o ambiente e o social seriam discutidos juntos e nenhum seria privilegiado em função da supressão de outro. Esse pensamento, de certa forma mais sistêmico, foi chamado de "O Tripé da Sustentabilidade" ou "*The Triple Bottom Line*", como revisado pela primeira vez pelo inglês John Elkington no livro *Canibais com garfo e faca*.

Com o tripé da sustentabilidade idealizado, podemos partir para ações mais concretas e, para isso, precisamos de um conceito que nos guie. Um conceito que reúna as três variáveis do tripé e as represente de modo equitativo. Contudo, principalmente pelo fato de a ideia ter tal caráter holístico, essa definição torna-se complicada.

Cada uma das três variáveis é formada por diversas áreas de conhecimento e cada área é resultado de, no mínimo, dezenas de anos de acúmulo de informação. Como exemplo, podemos citar as áreas de conhecimento dentro da questão ambiental. Alguns teóricos dizem que são onze áreas interagindo entre si (SOULÉ, 1985). Levando-se em conta o parâmetro brasileiro de áreas de conhecimento desenvolvido pela Coordenação de Aperfeiçoamento de Pessoal de Nível Superior – CAPES, órgão máximo de ensino superior no Brasil, existem 76 áreas. Ou seja, apenas relacionada à questão ambiental, a sustentabilidade utiliza o saber de quase 15% de todas as áreas de conhecimento. É muita informação para ser sintetizada em apenas um simples conceito.

O pesquisador John Holmberg, vice-presidente da Universidade de Tecnologia Chalmers, na Suécia, fez um levantamento com mais de oitenta diferentes definições e interpretações sobre sustentabilidade, as quais compartilhavam a ideia de união entre economia, sociedade e ambiente (MEBRATU, 1998). É interessante notar que esse levantamento foi realizado no ano de 1994 e que, nos arriscamos a dizer, hoje esse número pode ter dobrado.

Os conceitos normalmente estão em sintonia com o foco de estudo do pesquisador. Se ele é adepto de uma linha mais social, tenderá a favorecer argumentos como justiça, igualdade e bem-estar humano. Se é ligado a uma linha mais econômica, os argumentos serão baseados em longevidade empresarial e durabilidade da economia. Finalmente, se o autor é adepto de uma linha mais ambiental, privilegiará, principalmente, a conservação de áreas naturais e o uso parcimonioso de recursos. Entre todos os conceitos que existem sobre sustentabilidade, provavelmente, a maioria deve abranger algum aspecto das três principais variáveis, o que nos autoriza a dizer que os conceitos, em sua maioria, estão certos, porém, não são completos.

Abaixo seguem três conceitos sobre sustentabilidade:

- A sociedade ter o poder de redirecionar as modificações na biodiversidade e de lutar pelo bem-estar e pela saúde humana (FREITAS et al., 2007) – **ótica social.**
- Viver em harmonia com a natureza e com a sociedade (MABRATU, 1998) – **ótica ambiental.**
- Alvo móvel que norteia a busca de práticas que visem durabilidade em competitividade de um empreendimento ou instituição, levando em consideração a responsabilidade ambiental, a justiça social e a viabilidade econômica (SMERALDI, 2009) – **ótica econômica.**

Contudo, tentar memorizar os inúmeros conceitos que existem não é sinônimo de compreender o que seria sustentabilidade. Para concretizar a ideia, é necessário focar apenas um conceito. O conceito que iremos apresentar não pode ser considerado nem mais nem menos correto. No entanto, foi escolhido por estar dentro de um viés ambiental, com o qual sentimos mais afinidade.

Sustentabilidade, um conceito

A palavra sustentabilidade significa interação de duas coisas: uma sustenta e outra é sustentada. É provável que, ao final do dia, em um canteiro de obras, alguém comente que "aquela laje está sem sustentabilidade". A laje, no caso, está sendo sustentada e quem sustenta são os pilares e as vigas. O leite, para a criança, sustenta, e ela é sustentada. Portanto, existe sustentabilidade nessa relação. No caso da sustentabilidade em discussão, quem sustenta é o ambiente, toda a biosfera, as fontes de recursos que existem, e quem é sustentada é a economia. Uma economia sustentável é aquela que não acaba com as fontes de recursos. Se não existem mais recursos, a economia não se sustenta, a laje cai e a criança fica com fome.

No entanto, o que exatamente, dentro da economia, deveria ser sustentado pode vir de duas linhas de pensamento. Uma primeira refere-se a uma visão de utilidade, tratada principalmente por economistas neoclássicos. A justificativa parte da convicção de que se deve sustentar a utilização dos recursos para uso das gerações futuras, e não usar os recursos agora em razão de um gozo futuro. A ideia principal é de que as gerações futuras devem apresentar, no mínimo, a mesma felicidade, o mesmo bem-estar social e a mesma utilização de recursos per capita que a geração atual. A segunda definição do que deve ser sustentado está vinculada a uma questão mais ecológica de uso de recursos. Por essa definição, o que deve ser sustentado é a taxa de retirada de recursos da natureza, de modo que esses recursos não se esgotem. Para entendermos a estrutura da taxa de retirada de recursos da natureza, é necessário discutir algumas teorias sobre ecologia, as quais são a base desse argumento.

Mas, antes de teorias, é realmente importante entender a ideia de sustentabilidade e seus desmembramentos nos inúmeros conceitos. São esses dois fatores que irão nos guiar através das ações sustentáveis, e tê-los em mente nos fará caminhar no rumo certo, pois a ideia de sustentabilidade, diferentemente da do nosso amigo em relação ao Chantilly, é uma ótima ideia.

Desenvolvimento sustentável ou sustentabilidade?

A busca de termos mais precisos faz parte da estratégia de novas políticas dentro de uma organização. Como eles devem representar corretamente as ações, é realmente importante que sejam os mais adequados. Entretanto, é comum e, de certa forma, natural, que sejam substituídos com o passar do tempo. Em razão de fatores internos e externos, as ações estão sempre em mudança e, por isso, é necessária uma readequação dos termos. A substituição também pode ocorrer em razão do marketing, na tentativa de proporcionar uma nova roupagem às ações, ou mesmo por questões semânticas.

Um exemplo atual no Brasil foi uma determinação da Agência Nacional do Petróleo, Gás e Biocombustíveis (ANP), em dezembro de 2009, para substituir o termo "álcool" por "etanol" nos postos de combustíveis. Segundo a ANP, a medida foi realizada para padronizar a nomenclatura brasileira conforme a utilizada no mercado internacional e deixar o produto mais próximo de se transformar em uma *commodity*. Também foi considerada uma importante ação na tentativa de deixar os degustadores de aguardente menos confusos.

A escolha do termo "desenvolvimento sustentável" ou "sustentabilidade" também está baseada em questões semelhantes às da ANP. Embora não estejam vinculadas ao bem-estar dos degustadores de aguardente, as outras razões são parecidas. Quando uma organização escolhe desenvolvimento sustentável como termo referente à sua política, em vez de sustentabilidade, ela tem a percepção de que esse termo traduz com mais coerência suas ações e de que trará mais frutos no futuro, assim como a pretensão da ANP de transformar o etanol em uma *commodity*. Contudo, como não existe nenhum agente como a ANP para determinar o uso ou não de um termo em relação às políticas sustentáveis, as escolhas são feitas de acordo com justificativas particulares de cada organização e, portanto, ambos são utilizados. Atualmente, sustentabilidade tem sido mais empregado e, para entender a razão disso e as diferenças entre os dois termos, é necessário voltar às suas origens.

Antes desses dois termos, inúmeros outros já haviam sido criados, como ecodesenvolvimento, ambiente e desenvolvimento e desenvolvimento sem crescimento (MEBRATU, 1998), entretanto, nenhum chegou a ser realmente difundido. O primeiro a ser disseminado foi "desenvolvimento sustentável", quando, em 1983, as Nações Unidas criaram o Comitê de Brundtland, chefiado pela ex-primeira ministra da Noruega, Gro Harlem Brundtland, para discutir as relações entre economia e degradação ambiental.

Com a criação desse comitê, foram elaborados importantes relatórios, como o documento "Nosso futuro comum", e realizadas inúmeras reuniões, como a Conferência das Nações Unidas para o Meio Ambiente e Desenvolvimento em 1992 no Brasil (conhecida como Rio-92 ou Eco-92). No entanto, o mais importante para a discussão de termos foi que, nesse ano, esse comitê definiu pela primeira vez desenvolvimento sustentável como o desenvolvimento que satisfaz as necessidades do presente sem comprometer a capacidade das gerações futuras de suprir as suas próprias necessidades.

Com a publicação dos relatórios seguintes do comitê e inúmeros outros trabalhos científicos, o termo começou a se popularizar entre as pessoas. De fato, o grande marco foi a Rio-92, quando diversos países, em conjunto, discutiram a ideia. Mas, no momento em que todos estavam satisfeitos com o termo "desenvolvimento sustentável", começaram a surgir algumas críticas, em parte, por ser interessante intelectualmente opor-se à maioria, em parte, por existir certa vaidade de pessoas que criam termos paralelos e, ainda, por alguns argumentos teóricos.

A primeira justificativa teórica que alguns autores utilizam para a substituição de "desenvolvimento sustentável" por "sustentabilidade" seria o fato de se tratar de um oxímoro (palavras de sentidos opostos que se excluem mutuamente) (TRIZINA, 1995). Segundo os adeptos dessa ideia, a palavra "desenvolvimento" refere-se a algo que necessita de aumento de consumo e do uso de recursos, enquanto "sustentável" refere-se a um estado sem aumento do uso de recursos. No entanto, nesse caso, a palavra "desenvolvimento" está sendo identificada como um sinônimo de crescimento, o que não é necessariamente verdade. Crescimento é quantitativo e refere-se a um aumento físico da acumulação de material. Já desenvolvimento é qualitativo e refere-se a uma mudança na complexidade e configuração da economia. O crescimento pode fazer parte do desenvolvimento, contudo, ele não é intrínseco, por isso, pode-se falar em desenvolvimento sem crescimento. Há uma analogia bem interessante feita por Daly (2007): no momento em que você decide melhorar a qualidade de sua pequena biblioteca de livros de receitas herdada da sua tia-avó, em vez de apenas completá-la com novos livros, é possível substituir os livros velhos por livros novos. Com isso, a quantidade de livros ficaria a mesma. Por essa razão, não vejo o desenvolvimento sustentável como um oxímoro, embora isso seja usado como um forte argumento em diversas discussões.

Uma segunda crítica teórica seria que o desenvolvimento sustentável apenas se refere a um modo mais pragmático e coletivo para as soluções sustentáveis e leva em conta que o avanço tecnológico e a maior eficácia na produção são as variáveis principais. As críticas se baseiam no fato de que as políticas sustentáveis devem ir além de mudanças tecnológicas, e seria necessário fundamentar-se em mudanças profundas e individuais da relação do homem com a natureza (ROBINSON, 2004). Para abranger essas questões, seria necessária a criação de outro termo.

Na tentativa de sanar as críticas ao termo desenvolvimento sustentável, foi "redescoberto" o termo sustentabilidade, que, na verdade, havia sido cunhado antes da definição feita pelo Comitê Brundtland. Ele foi apresentado em 1981, por Lester Brown, em uma publicação do Instituto Worldwatch, e mostrava uma definição bastante semelhante à expressão "desenvolvimento sustentável", mas, segundo os seus apoiadores, era mais adequada, pois superava eventuais críticas. O principal marco do começo da difusão da palavra "sustentabilidade" foi a criação da empresa inglesa de consultoria e *think tank SustainAbility*, em 1987, cuja importância entre as organizações foi fundamental para a propagação do termo. É interessante notar que o nome *SustainAbility* foi usado principalmente por conter a palavra *Ability* (habilidade), o que, para uma empresa de consultoria, caía muito bem.

Atualmente, as críticas à expressão "desenvolvimento sustentável" fazem com que o uso do termo "sustentabilidade" seja maior. Pode-se perceber essa tendência em uma procura simples no Google, na qual o número de citações de "sustentabilidade" é cerca de 2,6 vezes maior que o número de citações de "desenvolvimento sustentável" (4,6 e 1,8 milhões de citações, respectivamente).

Mas é assim que caminha a substituição de termos, por profundas questões sociais, por adequação às novas ações, por questões semânticas e, principalmente, por uma questão de marketing, a qual não deixa de ser importante, pois dá novo fôlego aos ideais.

Ecologia, mais do que *eco* e *logia* – a percepção da natureza pelo homem

Na universidade, a primeira aula sobre ecologia é descobrir o que seria ecologia. Normalmente, o conceito que os alunos consideram mais adequado é: o estudo da casa. O raciocínio é simples, eles desmembram a palavra em *eco* e *logia* e depois procuraram o significado de cada um em algum dicionário de latim ou grego. Em biologia, essa técnica – bastante apurada, por sinal – quase sempre funciona. É fácil descobrir que os sapos, rãs e pererecas, ou anuros, não possuem cauda (anuro: *an* = sem, *uro* = cauda), que os tamanduás ou mirmecófagos comem formigas (mirmecófagos: *myrme* = formiga, *phago* = comer) e que os *Leptodactylus* apresentam dedos pequenos, mesmo sem ter a mínima ideia do que eles sejam (*Leptodactylus: lepto* = pequeno, *dactylus* = dedos). Contudo, como dissemos anteriormente, essa lógica não funciona em alguns casos, e, para o azar de muitos alunos, a palavra "ecologia" está entre eles. Não que esteja errado dizer que ecologia é o "estudo da casa", mas talvez seja tão vago como dizer que a vida é o contrário da morte. Assim, para entendermos ecologia, é necessário voltar à origem das primeiras ideias sobre o assunto, as quais estão vinculadas a interpretações sobre o mundo natural.

A percepção da natureza pelo homem sempre foi algo difuso. O mundo não humano é envolto de incertezas. As interpretações dos fatos naturais, muitas vezes, ficam distantes de um raciocínio lógico, denotando uma ligação com o mágico. Nesse ponto, a religião tem o importante papel de fazer o vínculo entre o homem e a natureza. Ela traz um descanso para muitas indagações pessoais e respostas para as percepções biológicas, e tanto religiões monoteístas como politeístas são repletas de tais representações.

Alguns povos havaianos, por exemplo, referem-se ao mundo natural como um organismo vivo, em que todo o espaço é preenchido. No céu ou na terra, visível ou invisível, todo objeto faz parte da vida, e qualquer alteração sempre traz respostas (MEBRATU, 1998). Também são comuns exemplos de religiões que colocam o homem como um beneficiário e em íntimo contato com a natureza. Os acontecimentos da vida, como nascimento e morte, são considerados representações, em menor escala, de acontecimentos semelhantes na terra, como o dia e a noite, e, desse modo, há uma necessidade de respeito para a própria preservação do ser humano, pois tudo que existe segue uma mesma lei (MEBRATU, 1998). Escritos sobre esses vínculos também são constantemente encontrados em religiões monoteístas judaico-cristãs, mulçumanas, budistas, taoistas, entre outras (PALMER, 2006). São Francisco de Assis, por exemplo, foi considerado padroeiro da ecologia em 1980, pelo papa João Paulo II.

Assim, embora os primeiros estudos sistematizados sobre ecologia apenas tenham acontecido no século XIX, as diversas tentativas de codificar as percepções biológicas durante a história do homem também podem ser consideradas, de certa forma, estudos ecológicos. Um fato sugestivo é que tanto os tais estudos sistematizados como as representações da natureza encontradas em muitas religiões partilham o mesmo paradigma: tentar entender o funcionamento do mundo natural e a importância dos seres humanos nesse contexto.

A palavra "ecologia" foi criada em 1860 pelo zoólogo alemão Ernst Haeckel. Ele acreditava que, após a publicação de *A origem das espécies*, de Charles Darwin, em 1859, era preciso criar um termo que se referisse ao estudo das diversas lutas pela sobrevivência que Darwin havia discutido em seu livro, e concluiu que "o estudo da casa" era uma boa menção (KINGSLAND, 1991). Embora o termo não siga um raciocínio simples de identificação, como o nome mirmecófagos, ou pareça ser mais adequado a profissões como engenharia, arquitetura ou *design* de interiores, ele não foge dos paradigmas e do conceito atual de ecologia. Segundo Begon e outros autores (2007), o conceito mais adequado de ecologia seria "o estudo científico da distribuição e abundância dos organismos e das interações que determinam a distribuição e abundância", que, de certa forma, podemos dizer, sempre com muito cuidado, diz respeito ao estudo da casa.

O início da ciência ecologia foi considerado a partir da leitura e posterior publicação do artigo cientifico "*The Lake as a Microcosm*", na Associação Científica Peronia, em fevereiro de 1887, por Stephen A. Forbes. No artigo, Forbes trata da complexa relação entre os organismos e discorre sobre o equilíbrio entre mortalidade e natalidade para cada espécie, que é um dos grandes temas da ecologia, utilizado para o entendimento de sustentabilidade.

A ecologia acompanha a história do homem na busca para entender os complexos processos do mundo natural. No entanto, diante da atual crise ambiental, os estudos ecológicos têm outro importante papel: entender as relações ecológicas nos permite fazer previsões sobre as consequências das modificações do homem na natureza, ou os chamados impactos ambientais. Hoje, a ecologia pode ser considerada uma ciência que ajuda a arrumar a casa, e não apenas a estuda.

Mas o que seria o impacto ambiental?

No dia 11 de fevereiro de 2010 foi veiculada em alguns meios de comunicação a seguinte notícia: "Tráfego intenso causa grande impacto ambiental no litoral de Sergipe. O fluxo contínuo de carros e motos impede que os filhotes de tartarugas oliva saiam do ninho e cheguem à praia". Uma segunda notícia, veiculada nove dias antes – "Reciclagem do lixo reduz o impacto ambiental em Vitória da Conquista" –, também discutiu a questão do impacto ambiental. Quarenta anos antes, em 1° de janeiro de 1970, o Congresso norte-americano aprovou a primeira e uma das mais importantes leis ambientais da história (CASHMORE, 2004). Ela tornava obrigatória a avaliação dos impactos ambientais (Environmental Impact Assessment – EIA) para a instalação, construção e funcionamento de grandes empreendimentos.

Os três episódios, embora façam parte da mesma preocupação ambiental, tratam o tema de modo diferente. Enquanto a primeira abrange apenas o problema de impacto ambiental à sobrevivência de filhotes de tartaruga oliva, a segunda envolve a cidade de Vitória da Conquista e a terceira, todo o território norte-americano. Assim, o impacto ambiental é usado com um caráter holístico.

Mas o que ele seria, afinal?

O primeiro sentido da palavra "impacto" está relacionado a modificação. As modificações causadas por algo em outro "algo" são seus impactos. Ao amassarmos uma folha de papel, modificamos a sua forma. Ao movermos um copo em cima da mesa, modificamos o seu lugar. Sempre estamos modificando tudo que está em nosso entorno. Em um sentido mais amplo e filosófico, não existe vida sem modificação. Com relação aos impactos ambientais, podemos seguir a mesma lógica e considerar que são modificações no ambiente. Portanto, no passeio mais bucólico que fazemos ao ar livre, causamos impacto ambiental. Podemos passar por cima de uma formiga ou pisar na grama. Em apenas uma hora de puro contato com a natureza, seria fácil enumerar milhões de pequenos impactos causados. Inevitavelmente, modificamos o ambiente.

Contudo, a questão principal é a escala que o impacto ambiental atinge. Uma analogia interessante é com a ideia de casa, a mesma que Haeckel usou para criar a palavra ecologia. Imaginemos uma casa que acabou de ser construída. Todas as ferragens, paredes e pisos estão no seu mais novo estado e nada está fora do lugar. Quando a primeira pessoa entrar na casa, algumas modificações serão causadas. Uma pisada mais forte pode danificar a cera do piso; ao abrir a janela, a tinta fresca da ferragem pode ser riscada e, com um pouco de azar, a maçaneta do armário da cozinha pode soltar-se na sua mão. Entretanto, tais modificações não irão fazer com que a casa fique imprópria para uso ou, em termos monetários, que seja desvalorizada. Agora, imaginemos uma retroescavadeira entrando na casa. Mesmo que ela entre pela porta da frente, as modificações causadas estarão em uma escala muito maior que as da pessoa. Provavelmente, em meia hora de passeio dentro da casa, muito mais coisas serão modificadas. Ao sair, a casa provavelmente estará imprópria para uso e, em termos monetários, não estará com boas perspectivas de venda. Assim, a pessoa e a retroescavadeira causaram impacto na casa, contudo, a abrangência do impacto é a grande diferença. Na natureza, em vez de danos ou estragos em portas e paredes, causamos modificações no ambiente.

Grandes modificações na natureza trazem consequências para todos os seres vivos. Similarmente ao exemplo da casa, os impactos ambientais podem tornar a natureza imprópria para uso e com duas consequências principais: a extinção de espécies selvagens e o fim dos recursos para o nosso bem-estar.

ESTUDO DE CASO (GVces – FunBio 2006)

Não esquecendo do tripé!

Vale lembrar que, quando pensamos em sustentabilidade, sempre devemos voltar ao tripé e refletir sobre as questões ambientais, sociais e econômicas. Uma avaliação horizontal dos impactos dessas três variáveis é um dos objetivos principais da sustentabilidade (LEE, 2006).

Um exemplo foi dado pela mineradora ALCOA Alumínio S.A. Após adquirir a Reynolds Metals, em 2000, iniciou a prospecção mineral e definiu a construção de uma mina para exploração de bauxita na cidade de Juruti (extremo oeste do Pará). Junto com o Centro de Estudos em Sustentabilidade (GVces) da Fundação Getúlio Vargas (FGV) e o Fundo Brasileiro para a Biodiversidade (FunBio), foi montada uma parceria para criação de uma agenda sustentável para o município. O projeto de sustentabilidade para a região, chamado de Juruti Sustentável, baseou-se na criação de três frentes principais: um fórum, ou conselho local, indicadores de desenvolvimento e um fundo de desenvolvimento sustentável. A primeira frente volta-se para as angústias pessoais da comunidade, a qual é parte importante das percepções sociais. A segunda frente visa monitorar as transformações sociais, ambientais e econômicas da região para acompanhar, em longo prazo, os impactos da presença da mina. A terceira frente seria um modo de captar recursos financeiros e investir em ações baseadas nas necessidades apontadas pelos indicadores de desenvolvimento.

Apesar de toda a preocupação por uma gestão sustentável, o projeto Juruti apresentou alguns problemas. O Ministério Público já apura algumas queixas sobre contaminação da área das comunidades e alguns moradores reclamam de inúmeros impactos ambientais. Contudo, apesar dessas eventualidades, o projeto Juruti Sustentável tornou-se uma importante referência de horizontalidade da avaliação dos impactos ambientais, sociais e econômicos. Um importante exemplo de como devemos lidar com o tripé da sustentabilidade.

Sustentabilidade é um bom negócio?

Sim, o número de pessoas que se sentiriam propensas a comprar um produto ao saber que a empresa prioriza o baixo impacto social e ambiental é grande e está aumentando cada vez mais. Em uma pesquisa feita pela TNS Global Market Research em 17 países com mais de 13 mil pessoas, em 2008, foram encontrados dados interessantes. Nos últimos anos, 40% do público pesquisado mudou seu comportamento em benefício da conservação da natureza, 52% estariam dispostos a pagar 5% a mais em um produto se ele estivesse ligado à preocupação ambiental ou social e 33% estariam dispostos a pagar 10% a mais. Quase metade dos entrevistados (42%) já ouviu falar sobre "pegada de carbono" e, em países como Japão e Reino Unido, essas taxas chegam a 97% e 94%, respectivamente. Pelos dados da certificadora Fair Trade, o consumo de produtos com esse selo, que considera questões sociais, ambientais e econômicas na certificação, tem crescido cerca de 22% por ano. Somente no que se refere ao consumo de produtos orgânicos, a produção mundial já movimenta cerca de 300 bilhões e tem tido um aumento de 14% anualmente.

A razão do aumento da preocupação dos consumidores com questões socioambientais provavelmente está ligada ao aumento da urbanização, da expectativa de vida e do poder econômico. Em termos simples, quanto maior a urbanização de um local, mais acesso à saúde e a suprimentos básicos as pessoas terão, o que aumentaria a expectativa de vida. Com uma vida mais longa, as pessoas começam a exigir qualidades socioambientais no cotidiano: regiões com mais árvores, produtos mais saudáveis e relações trabalhistas mais justas. A urbanização também está atrelada ao poder econômico: regiões urbanizadas há mais tempo apresentam maior concentração de renda, o que permite pagar por exigências socioambientais, as quais são normalmente mais caras. Essa relação torna-se clara quando se comparam os indicadores socioambientais com riqueza, e é tão característica que é chamada de Curva Ambiental de Kuznets (DINDA, 2004). Partindo dessa lógica, também se pode prever que haverá um grande aumento das exigências por produtos socioambientalmente corretos, porque, segundo previsões da ONU (2008), aumentará a proporção de pessoas que vivem na área urbana em quase 20% até 2050 (passará de 50,6% para 69,6%), somando-se a isso também um crescente esclarecimento científico da escassez de recursos no ambiente.

A partir dessas previsões e dos sinais atuais de conscientização socioambiental, muitas organizações já começaram a investir nesse mercado. Na Europa, a quantidade de euros investidos passou de 12 milhões em 2000 para 1,25 bilhão em 2006. Antes de 1997, existiam apenas dois fundos de investimento nessa área. Em 2005, já eram 42 (EROSIF, 2007). Nos Estados Unidos, em 2007, a cada 9 dólares investidos, 1 dólar referia-se a investimentos sustentáveis (KROSINSKY; ROBINS, 2008). O movimento já começa a ser grande, principalmente nas bolsas de valores. A bolsa americana foi a primeira a incorporar sustentabilidade. O índice Dow Jones de Sustentabilidade (DJSI) foi lançado em 1999. Acompanhando a experiência americana, a Bolsa de Londres e o *Financial Times* lançaram o FTSE4Good, em 2001. Em 2003, a África do Sul foi o primeiro país emergente a incorporar a sustentabilidade no mercado de ação, lançando o SRI. O Brasil também apresenta uma importante movimentação e já em 2005 lançou o ISE (Índice de Sustentabilidade Empresarial), que tem agregado diversos setores e é visto como uma grande inovação entre os países emergentes (MAZON, 2007).

No entanto, apenas participar desse grupo de empresas ainda não garante maior lucratividade. Estudos feitos no indicador brasileiro (ISE), por exemplo, não mostraram diferenças significativas entre a rentabilidade das empresas desses grupos comparada com outros grupos (BEATO et al., 2009). Contudo, os próprios autores enfatizam a falta de acurácia dos dados, pois muitas empresas participam de mais de um grupo (elas podem participar do ISE e de outro grupo, por exemplo), resultando que, em uma análise estatística, uma empresa pode acabar sendo comparada com ela mesma. Mas, em casos pontuais, podemos encontrar dados concretos de maior rentabilidade de investimentos sustentáveis. Por exemplo, a empresa de cosméticos Natura, que muitas vezes é considerada o símbolo brasileiro de empresa com modelo sustentável, tem sido classificada repetidas vezes entre as maiores e melhores empresas brasileiras. Ou o fundo de investimento FIC FIA ETHICAL, que, desde o final de 2008, tem apresentado rentabilidade maior que a média da Bolsa de Valores de São Paulo (Bovespa). Por isso, há um grande nicho vago para novas empresas focadas em um modelo sustentável de desenvolvimento.

Negócios sustentáveis: uma boa ideia, mas não uma tarefa fácil!*

Alguém que esteja pensando em montar um negócio com um modelo baseado em sustentabilidade, ou incorporar esse modelo no cotidiano de sua organização, está com sorte, pois, hoje em dia, o que mais existe são manuais para isso. A diversidade é tanta que é até possível escolher os manuais pelo número de passos que se quer seguir. Se a pessoa está com pressa, pode escolher algum de cinco ou seis passos ou, se está com mais tempo, pode seguir grandes relatórios ou livros em forma de manuais. De acordo com o *getAbstract*, principal serviço de resumos sobre livros técnicos recomendados para executivos, o termo "sustentabilidade" tornou-se um dos mais focados na literatura de negócios. Entre os cerca de 5 mil títulos presentes no acervo, 460 volumes estão relacionados ao tema. A palavra "sustentabilidade" está no mesmo nível de procura que temas comuns como "negociação", "mercado de capitais", "marketing" e "consultoria" (SMERALDI, 2009).

Para aqueles que não consideram que manuais estejam entre as coisas mais amigáveis do mundo, ou que tenham traumas de infância relacionados a eles, existem alternativas. "Círculos virtuosos", "vias de escalada" ou apresentações de *PowerPoint* são uma ótima opção, pois são simples e fáceis de seguir. Pode-se começar por indagar sobre os impactos ambientais e sociais, entender as oportunidades de negócios, prospectar ações, investir em algo em que ninguém tenha pensado antes e, de quebra, salvar a natureza e promover a igualdade social. Fácil, não? Nem tanto.

Pensando apenas em modelos de negócios gerais, o cenário já não é tão simples. Mesmo existindo pesadas teorias, milhares de livros temáticos e até um curso superior chamado de "administração", montar um negócio ainda é algo arriscado. Em uma pesquisa feita no Brasil, verificou-se que 72% dos empreendedores consideram possuir o conhecimento, a habilidade e a experiência necessários para começar um novo negócio, e, mesmo assim, muitos fecham

* Texto parcialmente publicado na *Revista Sustentabilidade* em 23 de fevereiro de 2010 com o titulo "Sustentabilidade: uma boa ideia, mas não uma tarefa fácil", por Chiaravalloti.

a empresa nos primeiros anos. Apenas no âmbito das micro e pequenas empresas, que constituem cerca de 99% de todas as empresas, no ano de 2000, 60% delas fecharam em cerca de quatro anos de existência (GEM, 2010). Embora esse número esteja diminuindo, em 2003, por exemplo, ele continuava alto, denotando que a cada três micro ou pequenas empresas que abrem, uma fecha em um prazo de quatro anos. Por isso, não é fácil estruturar um negócio, ainda mais em se tratando de algo inovador como a sustentabilidade.

Para começar a estruturar um negócio com modelo sustentável, primeiramente, devemos ter a seguinte lógica em mente: tratar com zelo aquilo com que os clientes se preocupam, nesse caso, a natureza e a sociedade. Ter um enfoque no que os *stakeholders* (todas as partes interessadas) querem, e não apenas no que os *stockholders* ou *shareholders* (acionistas) buscam. É importante entender que esse tipo de negócio é viável apenas porque existem pessoas acreditando que, com esse modelo, podem-se reduzir os impactos na natureza e as desigualdades sociais. Acreditam em um mundo melhor e mais justo a partir da sustentabilidade. Uma missão clara de redução de impactos sociais e ambientais é criar uma relação mais íntima e pessoal entre clientes e empresa.

Entretanto, também não adianta ter uma missão forte se o produto, mercadoria ou serviço de sua empresa não atender às expectativas. Para estruturar um negócio sustentável, é essencial a transparência de todo o impacto social e ambiental que o produto possa causar. Diante de um público cada vez mais crítico e com poderosas ferramentas para a fiscalização pessoal em mãos, os negócios com modelos sustentáveis devem prezar por uma transparência das ações. Os sites de redes sociais, grupos de e-mails, ONGs, investigações jornalísticas, ou seja, a sociedade, cada vez mais interligada, impõe obrigações às empresas e permite transparecer a diferença entre o esperado (a missão que a empresa se propõe) e o encontrado (impacto socioambiental da mercadoria, serviço ou produto).

Como um exemplo dessa situação, podemos citar as participações das empresas em "O Guia Exame de Sustentabilidade" (edição especial da revista *Exame*), o qual todo ano realiza uma competição para selecionar a empresa mais sustentável do Brasil. A inscrição para o processo de seleção é feita de modo espontâneo, no entanto, só participam do processo seletivo aquelas que responderem a 122 perguntas sobre atividades relacionadas a sustentabilidade. As perguntas são, de certo modo, simples, e estão pautadas na existência de comitês, publicação de relatórios, metas para redução de CO_2, remunerações relacionadas a metas ambientais e sociais etc.

No guia de 2009, 210 empresas se inscreveram, mas apenas 141 (ou 67,1%) responderam a todas as perguntas. Partindo do pressuposto de que as 210 empresas inscritas possivelmente acreditavam que poderiam ser consideradas “a empresa sustentável do ano”, uma vez que a inscrição é feita de modo espontâneo, e também que essa competição segue um critério mais jornalístico e não é tão rigorosa como outros indicadores de sustentabilidade, pode-se concluir que mais de um terço das empresas que se consideravam sustentáveis não conseguiu sequer participar por não responder a perguntas simples sobre algumas atividades. Portanto, antes de propor uma missão ou um objetivo, é importante ser claro com todos os seus *stakeholders* sobre até que ponto poderá satisfazê-los.

Eis o resumo dessa história toda: embora existam grandes indícios de um significativo mercado consumidor e, portanto, grande rentabilidade, não dá para garantir um futuro espetacular para uma empresa simplesmente pelo fato de ser estruturada em um modelo sustentável. Contudo, uma vez decidido esse caminho, é importante definir uma missão e ser claro com relação às atividades possíveis. Só assim uma empresa com esse modelo pode alcançar o sucesso. E, uma vez nesse meio, garantimos que gerenciar um negócio com preocupação ambiental e social é uma causa muito mais nobre e de grande conforto pessoal. Vale lembrar que isso não vai ser aprendido lendo nenhum manual.

Para ajudar muitas empresas em um modelo sustentável, existem muitas consultorias nessa área, mas que, por sua vez, também podem ser inovadoras!

Hybrids – um modelo inovador da união entre *think tank*, *broker* e consultoria*

São 6h30 da tarde, horário de Londres, 12 de abril. Em meio à primavera, a magnólia no jardim já começa a perder suas flores. No escritório, imprime-se a última folha do mais novo relatório da organização inglesa Volans, *The Biosphere Economy*, uma revisão sobre economia global voltada aos serviços ambientais. A definição mais simples de uma organização *think tank* é a referência a um instituto de pesquisa que se dispõe a resolver problemas ou estabelecer planos futuros de desenvolvimento. Contudo, tal definição não mensura a importância atual desse tipo de organização.

O surgimento desse modelo não é muito antigo. Embora existam *think tanks* do começo do século XX, como a *Federal Trust* ou o *Royal Institute of International Affairs*, o marco foi o livro de Paul Dickson, *Think Tank*, de 1971. Desde então, o número de organizações cresceu, apresentando grande influência em todo o cenário político e econômico.

O produto básico de uma *think tank* é a produção de relatórios. Diferentemente de uma produção científica, os relatórios são mais atuais e dinâmicos. Enquanto um artigo científico demora de um a dois anos para ser publicado, o de uma organização *think tank* costuma ser produzido em prazos bem mais curtos. Embora as informações contidas em relatórios não se submetam ao mesmo rigor acadêmico exigido em uma produção científica, elas são, normalmente, mais adequadas à velocidade exigida pelas políticas econômicas e pelo mercado. Um exemplo claro se deu no processo de criação da União Europeia, em que, segundo pesquisa coordenada pelo consultor de políticas energéticas Stephen Boucher, os debates políticos e imposições de metas foram majoritariamente baseados em relatórios produzidos por *think tanks* (BOUCHER; HOBBS, 2004).

Hoje, diante da atual crise ambiental, esse tipo de organização começa a ter mais um importante papel: o de direcionar os caminhos da sustentabilidade.

O primeiro modelo de *think tank* com a proposta de sustentabilidade surgiu em 1987. Poucos meses após o lançamento

*Revista *Ideia SocioAmbiental*, edição de junho de 2010, por Chiaravalloti.

do relatório "Nosso Futuro Comum", do Comitê Brundtland, John Elkington e Julia Hailes criaram a SustainAbility. Essa organização, no entanto, não foi concebida como uma simples organização *think tank*. Ela é uma híbrida (no inglês *hybrid*), parte *think tank,* parte consultoria. A SustainAbility não apenas gera relatórios de tendências, conciliando as necessidades econômicas, ambientais e sociais, como também presta consultoria para agregação de um modelo sustentável em outras organizações.

Em um primeiro momento, esse modelo híbrido, que parecia ser uma perda de energia para a realização da consultoria, começou a ser replicado. Alguns bons exemplos na Europa são Tomorrow's Company e a Utopis, criadas em 1993, a Forum for Future (1996) e Futerra (final dos anos 1990). Em 2008, o próprio John Elkington, na companhia de mais três outros especialistas, fundou uma segunda organização no mesmo modelo, a Volans.

Mas por que esse modelo vem sendo replicado?

Segundo Sam Lakha, gerente de desenvolvimento da Volans, a resposta deve vir em forma de pergunta: "Se temos informação adquirida através das consultorias, por que não compartilhá-las?". E continua: "O que resume um *think tank* é o autoquestionamento permanente, a busca da informação e o compartilhamento dela. Ele pode estar na figura de uma organização ou até de uma pessoa que busca o conhecimento".

No entanto, esse modelo híbrido de *think tank*/consultoria tem sido reproduzido em alguns países, principalmente em virtude das possibilidades de lucro que gera. E o motivo é simples: ao se dispor a gerar e receber conhecimento, a organização partilha suas missões e valores com diversas redes de contanto. Um relatório produzido chega normalmente à mesa de diversos CEOs de grandes empresas. São grupos e parceiros que, cada vez mais, vão sendo agregados.

Uma terceira função que pode aparecer em algumas instituições é o *broker*. Suas atividades consistem basicamente em quebrar barreiras de contatos. Na situação em que duas instituições têm potenciais para se somar, o *broker* trabalha para fortalecer os laços. Seria o mesmo papel daquele colega que apresenta uma amiga porque acha que ela tem muito a ver com você.

O poder de marketing de um *think tank* e, ocasionalmente, do *broker*, é fantástico, pois esse processo de socialização não apenas divulga o nome da organização, como demonstra a sua competência em gerar informações e estabelecer redes. O tempo perdido na elaboração de relatórios ou na criação de redes reverte-se na forma de clientes para a consultoria da organização. É o compartilhamento da informação gerando lucro.

Vale lembrar que quanto mais trabalhos de consultoria houver, mais informações para a produção de relatórios serão geradas e mais redes de contato criadas. As organizações híbridas estabelecem um modelo que se retroalimenta.

Pela experiência dessas organizações, o resultado não é imediato. Muitas vezes, as funções de *think tank* ou *broker* podem demorar alguns meses para resultar em benefícios. Mas, se bem-feitas, certamente ocorrem. Segundo Sam Lakha, o atraso na resposta, por exemplo, de um relatório, é saudável: "Preferimos que as organizações ou pessoas físicas que leram o relatório interpretem e repensem toda a informação contida. Esse processo, que pode levar de seis meses a um ano, permite que, após decidirem buscar a consultoria, estejam mais convictas dos seus objetivos", afirma.

No Brasil, esse movimento ainda é pequeno e quase inexistente. Empresas na área de consultoria em sustentabilidade ainda prezam pelo modelo simples. A falta dessa oferta de serviço faz com que companhias brasileiras interessadas em identificar tendências em sustentabilidade busquem esse tipo de competência no exterior. Cabe o exemplo do relatório Rumo à Credibilidade: uma Pesquisa de Relatórios de Sustentabilidade no Brasil. Embora conte com a participação da Fundação Brasileira para o Desenvolvimento Sustentável (FBDS), as outras duas organizações autoras são internacionais.

Apesar de as empresas brasileiras não trabalharem nesse modelo híbrido, elas já possuem informação e competência para tanto. Existem trabalhos de consultorias na área de sustentabilidade que são referências internacionais. Mas o que faltaria a elas então? A resposta pode ser encontrada na frase do escritor, jornalista e dramaturgo irlandês George-Bernard Shaw: "Existem dois tipos de pessoas na vida: as que veem o mundo como ele é e se perguntam 'Por quê?' e as que imaginam o mundo como poderia ser e se questionam 'Por que não?'". Agora, cabe a cada um escolher.

Capítulo 2

Biodiversidade

O Dia de Ação de Graças e a história sem graça da galinha do urzal e milhares de outras espécies – o problema da extinção de espécies selvagens

No começo do século XVIII, a galinha do urzal (*Tympanuchus cupido cupido*), que estava entre as espécies de aves mais comuns da América do Norte, era encontrada em quase toda a costa leste dos Estados Unidos e ao sul do Canadá. Alguns dizem até que o primeiro jantar do dia de Ação de Graças foi saboreado à base de galinha do urzal, e não, como normalmente é retratado na história, de peru selvagem. Verdade ou não, por ser fácil de caçar e viver em locais acessíveis, essa galinha era muito utilizada na alimentação. Como consequência, em 1830, ela tinha desaparecido do continente, sendo apenas encontrada na ilha de Martha's Vineyard.

Em 1908, em uma das primeiras atitudes conservacionistas da história, foi estabelecida uma reserva dentro da ilha para preservação das últimas 50 aves. Como não havia caça, em menos de dez anos, o número de indivíduos aumentou para mais de mil. Nesse momento, a população da galinha do urzal estava com boas perspectivas. No entanto, quando algo está indo muito bem, provavelmente irá piorar – "depois da bonança vem a tempestade". Para a galinha do urzal, aconteceu no ano de 1916, que chegou em forma de incêndio, inverno rigoroso, seca e uma doença de aves domésticas. Após tudo isso, em 1928, 13 aves estavam vivas, sendo apenas duas fêmeas. Em 1930, somente uma ave estava viva. Em 1932, morreu o último indivíduo dessa espécie, levando a galinha do urzal à extinção (BEGON et al., 2008).

A espécie exemplificada foi apenas mais uma entre bilhões já extintas na natureza. Para se ter uma ideia, 99% das espécies que existiram na terra já foram extintas, e 99% das espécies que existem hoje serão extintas daqui a milhares de anos (FUTUYMA, 2002). No entanto, diferentemente de muitas das espécies que se extinguiram na natureza, a galinha de urzal foi extinta por modificações ou impactos causados pelo homem. Provavelmente, se essa espécie não fosse exaustivamente usada para a alimentação, ela seria até hoje encontrada na costa leste americana e apenas estaria extinta daqui a alguns milhares de anos. Infelizmente, casos de extinção como o dessa espécie são cada vez mais comuns.

Estimativas teóricas do número de espécies extintas, diretamente ligadas às modificações causadas pelo homem, chegam a valores assustadores. Baseados em registros fósseis, na relação entre o número estimado de espécies presentes em uma determinada área e na taxa de desmatamento, são gerados modelos matemáticos que tentam aproximar-se da realidade. Em um estudo publicado na revista cientifica *Nature*, em 2000, pelos pesquisadores Stuart Pimm e Peter Raven, foi estimado que se as taxas de desmatamento continuarem iguais nas florestas tropicais, em cem anos, cerca de 40% das espécies existentes hoje serão extintas. Em uma segunda estimativa, Martha Groom (2006) chegou a um número de 5 mil espécies extintas por ano nas florestas tropicais. No entanto, essas estimativas dependem de valores pouco precisos, como, por exemplo, o número de espécies que existem nas florestas tropicais. Embora válidos, são valores especulativos e podem estar superestimados.

Outra estimativa é descrita pela organização não governamental International Union for Conservation of Nature – IUCN. Ela reúne estudos sobre espécies selvagens feitos no mundo todo e publica uma lista com as que estão em perigo de extinção ou que foram extintas. Conforme a lista de 2009, 723 espécies de animais e 86 espécies de plantas já foram comprovadas cientificamente como extintas até hoje. Contabilizando, entre os anos de 1900 e 2000, cerca de 100 espécies de pássaros e mamíferos foram extintos. Se pegarmos o total de pássaros e mamíferos do mundo (15.333 espécies), foram extintos 0,65% de todos os mamíferos e aves nesse período, ou uma espécie de mamífero ou ave foi extinta por ano (GROOM, 2006).

Entretanto, essa estimativa também não é precisa e esse número de espécies extintas pode estar, nesse caso, subestimado. Para estar presente na lista da IUCN, a espécie precisa ter sido detalhadamente estudada, o que é uma realidade para poucas. Para se ter uma ideia, o número de espécies classificadas – diferente do número de espécies estudadas – no mundo está abaixo de 2 milhões, e as estimativas para o número real estão entre 5 e 50 milhões (MAY, 1988). Cientificamente, são descritas cerca de 300 novas espécies a cada dia (ORIANS; GROOM, 2006). No entanto, mesmo possivelmente subestimadas, as taxas de extinção descritas pela IUCN são bem maiores que as verificadas quando não havia a presença do homem.

A extinção natural de uma espécie pode ocorrer de diversas maneiras. Se uma nova espécie surge e começa a competir com outra de forma intensa, provavelmente, uma delas será extinta. Ou, após uma mudança de clima que leve uma região a mudar suas características, não sendo mais fonte de alimento para uma determinada espécie, ela também pode ser extinta. Contudo, esses dois exemplos, assim como inúmeros outros fatores que podem causar extinção de uma espécie de forma natural, são processos lentos, que podem demorar milhares de anos. Uma mudança natural de clima dura, no mínimo, 10 mil anos.

Pelos registros fósseis, podemos comparar as taxas atuais de extinção com aquelas causadas por consequências naturais. Para aves e mamíferos, por exemplo, a média encontrada nos registros fósseis é de cerca de 0,003 espécies por ano. Comparando com o valor atual, uma espécie por ano, aquela taxa é cerca de trezentas vezes menor. Segundo o pesquisador David Raup (1994), da Universidade de Chicago, a taxa atual de extinção para os recifes de corais é equivalente a uma taxa de extinção natural de um intervalo de 10 milhões de anos. Alguns pesquisadores dizem que os valores atuais de extinção são próximos, ou até superiores, aos das grandes extinções em massa que ocorreram na história da Terra, como, por exemplo, a que dizimou os dinossauros (GROOM, 2006).

Assim, o problema do impacto ambiental está intimamente ligado à extinção de espécies. A grande modificação que estamos provocando no ambiente é responsável pela extinção de milhares de espécies selvagens. E, para conseguirmos atingir a sustentabilidade, devemos entender as formas pelas quais as espécies se extinguem e prospectar até que ponto podemos modificar a natureza sem que haja extinção. Uma vez extinta, atualmente, é impossível fazer ressurgir uma espécie. Portanto, mesmo que confirmem que o primeiro jantar de Ação de Graças foi realizado com a galinha de urzal, a comemoração vai ter que continuar a ser feita com peru.

No entanto, qual a importância de preservar os milhares de outras espécies que não fizeram parte de nenhum jantar histórico?

Na natureza está o melhor remédio

No começo era a simplicidade. Qualquer que seja a linha científica que seguirmos para explicar a origem da vida na Terra, sempre começaremos pela simplicidade. Até mesmo teorias que envolvam origem da vida por ação extraterrestre (panspermia) devem admitir que os próprios extraterrestres começaram simples em algum lugar nos confins do universo. Mas, considerando que a vida tenha surgido na Terra, no começo, apenas existiam átomos e moléculas livres no espaço, provavelmente, água, dióxido de carbono, metano e amônia. De algum modo, ainda não exatamente claro, essas moléculas inorgânicas se juntaram e originaram as moléculas orgânicas. Por outro modo, também não muito claro, as moléculas orgânicas formaram as moléculas replicadoras. E estas, de uma forma menos clara ainda, começaram a se replicar, dando início à complexidade.

Quando essas moléculas começaram a se replicar, não reproduziam suas "filhas" exatamente iguais, havia diferenças ou erros da replicação. Vale lembrar que essa não é uma característica específica dessas moléculas, pois sempre ocorrem erros na natureza, nada que se reproduz é uma cópia perfeita. Podemos até dizer que errar é mais do que humano, é natural.

Em um mundo cheio de moléculas replicadoras com algumas características diferentes umas das outras, aquelas que apresentavam mais características que facilitavam a captura de alimento poderiam se replicar mais. Replicando-se mais, deixavam tal característica mais presente na população. Contudo, como também não originavam réplicas perfeitas, algumas vezes outras moléculas apareciam com características mais vantajosas, permitindo reproduzir-se mais. Com isso, cada vez mais as moléculas passaram a ter características diferentes, tornando-se complexas (DAWKINS, 2001).

De acordo com a mudança na paisagem, com a conquista de novos ambientes, ou competição entre organismos, novas características tornam-se mais presentes. Por exemplo, os primeiros ancestrais das aves sofreram várias adaptações para poder conquistar o espaço aéreo. Além das asas, surgiram diversas outras características interessantes, entre as quais está a do sistema digestivo, que, para não ser um peso a mais durante o voo, é reduzido e poucas fezes podem ser acumuladas (PUGH et al., 2003). Esse é o motivo pelo qual uma praça cheia de pombos é uma área "de risco". Mas as adaptações não são apenas anatômicas, podem ser novas moléculas, novos modos de utilização de antigas moléculas ou, basicamente, qualquer nova situação que cause vantagem.

Desde o surgimento das chamadas "moléculas replicadoras" até hoje, passaram-se, no mínimo, 3 bilhões de anos, ou seja, considerando todos os seres vivos, é inimaginável o número de adaptações que já surgiram. Uma dessas adaptações ocorreu na casca de algumas espécies de árvores chamadas de salgueiro (*Salix*). Em sua casca, é encontrada a salicina, que, como uma adaptação, surgiu para proteger a planta de bactérias e fungos oportunistas. No entanto, além de proteção à planta, a salicina tem outro importante papel: ser um poderoso fármaco para o ser humano. Seu poder é tão grande que existem registros de seu uso desde a Roma Antiga. E foi a partir dela que, em 1899, o laboratório Bayer conseguiu sintetizar o ácido acetilsalicílico (AAS), a chamada aspirina.

Com o uso da aspirina ao longo dos anos e em larga escala, passou-se a crer que ela seria o mais espetacular feito da indústria farmacêutica, pois tem ação analgésica, antitérmica, efeito protetor e preventivo na formação de coágulos no sangue, além de estudos recentes terem mostrado que pode prevenir o câncer de boca, garganta, esôfago e, provavelmente, de pulmão, reto, útero, seios e pâncreas. Tamanhos são a sua popularização e os seus benefícios que hoje é, muitas vezes, considerada uma das maiores invenções da humanidade (MICHEL, 2010).

Assim, a partir de uma adaptação de um grupo de plantas para melhor ajustar as condições ambientais, sintetizou-se um dos mais poderosos fármacos da história da humanidade. A aspirina ajudou a aumentar o bem-estar e a expectativa de vida da humanidade e nos possibilitou beber na noite anterior e trabalhar no dia seguinte.

Embora a aspirina seja o mais importante remédio primeiramente sintetizado a partir de características de espécies na natureza, milhares de outros também já o foram. Cerca de 40% de todas as drogas prescritas e não prescritas usadas em todo o mundo possuem ingredientes ativos que são extraídos ou originados de plantas e animais (BEGON, 2007). Exemplos interessantes incluem os venenos de cobra, como o da cascavel ou da jararaca, que possuem poderosos efeitos cicatrizantes e preventivos de infarto; mamíferos como o tatu-galinha, que tem sido usado no estudo da hanseníase e na preparação de uma vacina para a doença, ou o peixe-boi da Flórida, que tem sido usado para entender a hemofilia. E mais comuns, cascas, folhas e raízes de plantas que são usadas para cura de diversos tipos de doenças, como a droga usada para o tratamento da leucemia, que é derivada de uma planta de Madagascar chamada mirta rosa (*Vinca rosea*), e a casca do teixo do Pacífico (*Taxus brevifolia*), que tem promovido o tratamento de câncer de ovário. Vale lembrar que os benefícios não estão ligados apenas à questão da saúde humana. Fármacos para a beleza e estética são constantemente sintetizados e extraídos, como a essência do perfume Chanel n° 5, que é proveniente da árvore da Amazônia pau-rosa (*Aniba rosaeodora*).

Essa ampla abrangência faz a indústria farmacêutica ser uma das mais lucrativas. Por uma estimativa de Jorge Raimundo Filho, diretor de Desenvolvimento de Negócios da Extracta Moléculas Naturais S/A, em 2007, a capitalização da indústria farmacêutica – número de ações que ela tem no mercado multiplicado pelo preço unitário de cada uma – é de 1 trilhão e 600 bilhões de dólares, enquanto a da indústria automobilística, para se ter uma ideia, é de "apenas" 300 bilhões.

Assim, através da chamada bioprospecção – exploração e investigação de recursos provenientes da fauna e da flora, a fim de identificar princípios ativos para a obtenção de novos produtos e processos com vistas à comercialização – a humanidade está mais saudável e uma forte base econômica é sustentada.

Por isso, se você é uma espécie que está preocupada com a sua preservação e não possui nenhum parente que foi importante em algum momento histórico, como a galinha do urzal, aí está uma boa maneira de se defender e argumentar para a sua sobrevivência. Talvez a cura para doenças como aids, câncer, Alzheimer etc. esteja em você!

O grau de importância das espécies para a criação de novos fármacos

Na tentativa de mensurar essa importância, algumas pesquisas científicas tentam estimar o valor que a indústria farmacêutica estaria disposta a pagar para a conservação da natureza, cogitando a hipótese de encontrar algum fármaco que geraria milhares de dólares. David Simpson (1997), colaborador da organização não governamental norte-americana Resources for the Future (RFF), resumiu alguns desses estudos e concluiu que, para conservar as principais florestas e as suas espécies do mundo, como Madagascar, Mata Atlântica, Amazônia, há disposição de pagar, em média, US$ 0,52 por hectare. O mesmo preço de uma cartela de aspirina com desconto! Achou pouco? Ficou com raiva das grandes corporações? Mas a culpa não é só delas.

O baixo preço não é culpa apenas da falta de disposição financeira da indústria farmacêutica, mas também da chamada redundância de adaptações. Imagine a primeira espécie de ave que surgiu; diversas adaptações foram sendo selecionadas para melhor adequá-la ao ambiente. Contudo, como as réplicas dessa primeira espécie não eram perfeitas, outras adaptações foram surgindo, assim como outras espécies. No entanto, muitas das antigas adaptações continuaram nas novas espécies, pois ainda eram vantajosas. Assim, atualmente, grande parte das características são comuns em milhares de espécies ou, ao menos, em grandes grupos de espécies. Por exemplo, a salicina, a substância precursora da aspirina, é encontrada em diversas espécies, e não apenas em uma. Ou mesmo a cafeína, que é considerada uma substância pouco repetida na natureza, é encontrada em mais de sessenta espécies de planta (MAZZAFERA et al., 1996). Por isso, a cura da aids, de tipos de câncer ou Alzheimer está, provavelmente, em centenas de espécies na natureza, e não em apenas uma.

Essa incrível redundância faz com que a indústria farmacêutica, que depende de uma natureza conservada para poder desenvolver novos medicamentos, não atribua grande importância monetária a essa preservação, visto que, se uma espécie for extinta, outras poderão suprir a sua falta. Portanto, devemos incluir outros fatores além da bioprospecção para argumentar a favor de uma conservação de espécies mais abrangente.

Dependemos do que comemos

Uma primeira opção seria dizer que utilizamos algumas espécies de forma direta para a alimentação. Por exemplo, ninguém discutiria que não somos dependentes de espécies de plantas como soja, arroz, milho ou trigo. É fácil dizer isso, pois apenas em relação à soja, o nosso consumo mundial, no ano de 2006, foi de cerca de 221 milhões de toneladas (FAOSTAT, 2010). Se, subitamente, essa espécie fosse extinta, provavelmente, inúmeros setores da economia entrariam em crise. Algumas pessoas também podem afirmar que dependem da castanheira-do-pará, pois sua economia, assim como sua vida, depende da coleta e da venda da semente. Também somos dependentes de algumas espécies de animais. Se a vaca, o porco ou algumas espécies de aves e peixes – que, basicamente, sustentam o consumo de carne mundial – fossem extintos, muitos setores também entrariam em crise.

No entanto, além de essas espécies serem domesticadas e produzidas em larga escala, tornando-as bem distantes do problema da extinção, elas não são representativas. Para se ter uma ideia, 80% do consumo de origem vegetal no mundo é feito com apenas uma dúzia de espécies de plantas. São pouquíssimas as espécies de que dependemos e que preservamos em um universo de cerca de 300 mil existentes na terra (DIAMONT, 2007). O mesmo acontece com os animais. Em relação aos mamíferos como vaca, porco, cabra etc., dependemos de, no máximo, 14 principais espécies.

Comendo quieto: da redução de esterco de vaca aos ataques de tubarões – algumas funções indiretas das espécies

Nenhuma espécie no mundo vive isolada, nem mesmo o ser humano. As espécies interagem através de cooperação, facilitação, predação, competição e diversos outros meios que formam um sistema extremamente conectado. Uma modificação de uma peça ou espécie causa transformações em toda a rede. Essa interação é tão forte que lembra simbolicamente um organismo vivo – como disse James Lovelock, postulando a teoria de Gaia (LOVELOCK, 1979).

Por isso, mesmo que não percebamos a importância direta de muitas espécies, elas são decisivas na manutenção desse equilíbrio. Podem estar relacionadas com centenas de funções como, por exemplo, evitar pragas na agricultura, reduzir a quantidade de material morto no mundo, ou mesmo diminuir ataques de tubarões. Todas essas funções são chamadas de serviços ecológicos. A seguir há três exemplos desses serviços.

As fezes da vaca e as espécies decompositoras

Uma vaca chega a defecar cerca de 900 kg por ano. Por dia, isso chega a 2,46 kg. Contando que, apenas no Brasil, o rebanho de gado é de mais de 200 milhões de cabeças, por dia são defecadas mais de 500 mil toneladas. É muita coisa para pouco espaço.

O problema desse volume não está apenas relacionado à chateação de pisar em um grande cocô, mas à perda econômica, que também é grande. Um espaço de grama que está coberto com fezes é um espaço perdido para a alimentação. Quanto maior a área do pasto coberta, menor será a área efetiva para a alimentação. A perda dessa área traz consequências no processo de engorda, o que diminui o preço de venda do gado.

Nesse processo, algumas espécies – especialmente besouros – apresentam uma importante função: acelerar a decomposição e diminuir a área coberta com fezes de vaca. Em um estudo feito pelos pesquisadores americanos John Losey e Mace Vauchan, em 2006, foi calculado o valor monetário dessa função.

Segundo dados secundários, eles estimaram que o processo

de decomposição das fezes é acelerado em 19% por espécies no ambiente, ou seja, a grama se tornará palatável novamente 19% mais rápido. Isso resulta, em média, em 6,18 kg a mais por ano para cada cabeça de gado. Para estimar o custo total monetário desse serviço nos Estados Unidos, o estudo baseou-se na estimativa do Serviço Nacional de Agricultura norte-americano, que diz que em 2004 havia 32 milhões de cabeças de gado que dependiam de uma alimentação à base de grama. Multiplicando os 6,18 kg pelo número de cabeças de gado, chegou-se ao valor de 244 mil toneladas. Seguindo uma estimativa para aquele ano, de 2,65 dólares por quilo de carne vendido aos frigoríficos, eles concluíram que as espécies decompositoras evitam uma perda de 122 milhões de dólares por ano.

Uma praga incomoda muita gente, duas pragas incomodam, incomodam muito mais...

Uma espécie praga é aquela que os seres humanos consideram indesejável. Mosquitos, carrapatos, pernilongos são considerados pragas porque causam doenças e incomodam. *Allium spp.* são considerados pragas no trigo porque causam gosto de cebola ao pão. E as ervas daninhas são tidas como pragas no jardim porque são consideradas feias. Para deixar o mundo mais "desejável", gastam-se milhões de dólares no controle delas.

Contudo, como as espécies vivem em um sistema interligado, o controle de uma praga pode levar ao surgimento de outras. Um exemplo "interessante" dessa situação ocorreu no norte dos Estados Unidos com os produtores de algodão.

Para combater as duas principais pragas da cultura de algodão, o curuquerê e o bicudo-do-algodoeiro, iniciou-se, em 1950, uma maciça disseminação de pesticidas orgânicos. No começo, os inseticidas eram aplicados menos de cinco vezes ao ano e, inicialmente, a produção de algodão aumentou. Contudo, três outras pragas secundárias emergiram em 1955: a lagarta-do-algodão, o afídeo do algodão e a falsa lagarta rosa. Para eliminá-los, as aplicações de inseticida aumentaram para oito a dez vezes ao ano, o que reduziu o problema com o afídeo e com a lagarta rosada, mas provocou a emergência de outras cinco pragas secundárias. Na década de 1960, o número de espécies-praga do algodão aumentou das duas espécies originais para oito, e em média, eram realizadas 28 aplicações (BEGON et al., 2007).

Nesse caso, o que aconteceu foi a eliminação do predador-chave – só pelo nome dá para entender sua importância. Esses predadores alimentam-se de diversas outras espécies e, ao fazer isso, controlam o número de indivíduos de suas populações. Quando o predador não está presente, as outras espécies aumentam suas populações, podendo tornar-se indesejáveis ou pragas. No caso do algodão no norte dos Estados Unidos, o curuquerê e o bicudo-do-algodoeiro controlavam as populações de outras espécies, e, quando foram eliminados, as outras espécies aumentaram e se tornaram pragas. O mesmo aconteceu com a eliminação da lagarta rosada e com o afídeo, o que provocou o surgimento de outras cinco pragas.

Os mesmos pesquisadores que estimaram o valor monetário da decomposição também fizeram estimativas para o controle de pragas feito apenas pelos insetos nos Estados Unidos, e concluíram que esse valor é de US$ 4,5 bilhões por ano (LOSEY; VAUCHAN, 2006). Considerando todo o mundo, o economista ecológico Robert Costanza e outros colaboradores (1997) estimaram que o controle de pragas feito por espécies da biodiversidade evita um gasto de cerca de US$ 417 bilhões.

Como evitar ataque de tubarões?

Os ataques de tubarões são um dos acidentes mais doloridos que existem. Em razão da presença de várias faixas de dentes na boca, qualquer pequena mordida rasga a pele e os músculos. Mas, embora haja casos de ataque a seres humanos, nós não fazemos parte de sua dieta. A razão é que os tubarões enxergam muito mal e apenas percebem que não fazemos parte do cardápio após darem uma provadinha. É por esse motivo que, normalmente, as mortes ocorrem por hemorragia, e não pelo fato de vítimas serem devoradas.

No Brasil, o local onde mais ocorrem ataques de tubarões é no litoral do estado de Pernambuco, na cidade de Recife, e mais especificamente em um trecho de 20 quilômetros de praia. Só nessa faixa já ocorreram mais de cinquenta ataques desde 1992, quando começaram a ser contabilizados.

Para entender quais seriam as possíveis causas do aumento no número de ataques, o Laboratório de Oceanografia Pesqueira – LOP, do Departamento de Pesca da Universidade Federal Rural de Pernambuco, tem conduzido pesquisas intensivas sobre os tubarões na área. O intuito é entender as características do local, os hábitos alimentares dos tubarões, as características da população etc.

Uma conclusão preliminar é que diversos fatores podem estar relacionados com os ataques de tubarões, como elevação do número de surfistas e banhistas na região principal, presença de pesca de arrasto de camarão próximo às praias da área afetada e a topografia submarina da região. Contudo, o principal fator, e o realmente importante, foi a construção do Porto de Suape, ao sul de Recife.

A construção do porto resultou no desvio do curso de dois rios, o Ipojuca e o Merepe. Essa área era frequentada por fêmeas do tubarão cabeça-chata como área de parto, pois tratava-se de uma região de estuário com uma rica fauna que sustentava o crescimento dos filhotes. Devido à degradação ambiental com a construção do porto, a quantidade de alimento diminuiu e um número maior de fêmeas dessa espécie começou a se deslocar para o estuário mais próximo, o do rio Jaboatão. Esse rio, que está localizado ao norte, desemboca exatamente nas praias da região metropolitana do Recife, onde ocorreram todos os ataques. Essa hipótese foi confirmada, uma vez que diversas fêmeas grávidas de cabeça-chata foram capturadas no estuário do rio Jaboatão.

Eis o resumo dessa história: quando as espécies que existiam no estuário e serviam de alimento para os tubarões naquela região foram localmente extintas, os tubarões começaram a explorar outros locais e, algumas vezes, confundiam (e ainda confundem) surfistas e banhistas com alimentos.

Com isso, os tubarões, que normalmente comem quietos, assim como as pragas do algodão e os besouros decompositores, fazem parte de um sistema complexo que nos permite uma melhor harmonia e um ganho econômico. E, se incomodados, a matéria morta começa a feder, as pragas aumentam e o bicho começa a pegar!

Outros serviços

Diversos outros serviços ecológicos são prestados pelas espécies. A polinização, por exemplo – o processo pelo qual as células reprodutivas masculinas dos vegetais superiores são transferidas para o receptor feminino –, é basicamente feita por insetos. As abelhas polinizam sozinhas 73% das espécies vegetais cultivadas no mundo. Estima-se que entre 15% e 30% da dieta americana é resultado direta ou indiretamente da polinização feita por animais. O valor monetário desse serviço no mundo é de US$ 117 bilhões (COSTANZA et al., 1997).

A contabilização dos serviços ecológicos é um importante argumento para a conservação. Como não vivemos sozinhos neste mundo, dependemos das ações de muitas espécies para garantir uma economia estável e nosso bem-estar social. No intuito de alertar e demonstrar essa dependência, o Programa das Nações Unidas para o Meio Ambiente (PNUMA) lançou, no começo de 2010, um importante relatório, o *The Economics of Ecosystems and Biodiversity* (TEEB). O TEEB apresenta uma análise integrada entre serviços ecológicos prestados pela biodiversidade, políticas públicas e modelos econômicos. Suas conclusões são fundamentais para manter modelos de sustentabilidade.

O valor intrínseco da biodiversidade

A conservação da biodiversidade pode ser justificada por questões práticas ou econômicas (por exemplo, evitar ataques de tubarões ou promover a polinização), contudo, ainda existem falhas. Mesmo que consideremos todos os serviços prestados para a humanidade ou todas as possibilidades de cura para doenças, ainda assim, sobrarão algumas espécies que não terão utilidade. Ou algumas espécies que podem prestar serviços para algumas pessoas, mas não para outras.

Alguém que mora na cidade de São Paulo, que não gosta de praia e que jamais pensou em comprar um pacote turístico para passar suas férias em Recife não precisaria se preocupar com extinção das espécies no estuário dos rios Ipojuca e Merepe, uma vez que os tubarões não irão para a cidade de São Paulo para se alimentar. O mesmo pode ser dito daqueles que não produzem algodão no norte dos Estados Unidos ou não são pecuaristas.

Os moradores da cidade de São Paulo também dependem dos serviços de algumas espécies. Algumas frutas do mercado só existem porque suas plantas foram polinizadas por insetos, ou a água é potável porque existe alguma floresta em algum lugar que possibilita o ciclo da água. No entanto, as espécies que são importantes para aqueles que são de São Paulo são diferentes daquelas que são importantes para os de outros lugares. Mesmo entre os 11 milhões de pessoas que vivem dentro da cidade de São Paulo há variações do que seria importante. Por isso, teoricamente, cada um poderia fazer uma lista pessoal das espécies que são importantes para ter uma economia estruturada e garantir o seu bem-estar e, com isso, extinguir o resto. Em síntese, é importante ter como justificativa a utilidade das espécies, embora elas não sejam capazes de garantir, por si mesmas, a conservação da biodiversidade como um todo.

Para conseguir uma verdadeira mudança na busca de uma agenda sustentável, devemos considerar os serviços prestados pelas espécies, mas também devemos ultrapassar essa visão tecnocrática e considerar o valor intrínseco da biodiversidade.

Estabelecer um valor intrínseco para a biodiversidade

significa ter um sentimento interior de aprovação ao saber que algumas espécies ou populações estão em perigo de ser extintas. Ou seja, apreciar a biodiversidade com todas as suas relações. E isso, segundo um dos grandes biólogos da história, Edward O. Wilson, é algo instintivo do ser humano, faz parte de um processo evolutivo. Pela sua hipótese da biofilia, Wilson afirma que os seres humanos apresentam necessidades profundas de contato com a natureza. Precisamos da biodiversidade para atingir um bem-estar físico e psicológico, pois conservá-la faria parte do nosso próprio instinto de sobrevivência (WILSON, 1984).

A hipótese da biofilia seria a justificativa de íntimas ligações da sociedade humana com a biodiversidade. Segundo uma revisão feita pelos pesquisadores Fred H. Besthorn e Dennis Saleebey, da Escola de Estudos Sociais da Universidade de Indiana, nos Estados Unidos, fatos como o de mais da metade das casas americanas terem animais domésticos, mais de 90% das representações usadas por crianças da pré-escola conterem animais, 70% dos adolescentes fazerem confidências para seus animais domésticos e de mais pessoas nos Estados Unidos irem ao zoológico do que aos jogos de futebol americano, basquete e beisebol, corroboram a hipótese da *Biophilia*. Outro interessante exemplo poderia ser o das últimas eleições sobre as melhores atrações do Brasil feita pelo *Guia 4 Rodas*. Por votação do público, nos últimos três anos, foram eleitos locais que possibilitam um íntimo contato com a natureza: rios de águas cristalinas que possibilitam contato com a biodiversidade (Bonito – MS) e séries de grandes cachoeiras em área preservada (Parque Nacional do Iguaçu).

Ninguém, no entanto, tem a obrigação de gostar das espécies ou de sentir-se bem ao ir ao Parque Nacional do Iguaçu. Embora a personalidade seja fruto da concretude da vida social e de um processo histórico (LOUREIRO, 2009), temos livre-arbítrio. Todos nós temos o direto de nos sentir confortáveis o mais longe possível de qualquer tipo de inseto, cachorro ou planta. Por outro lado, o nosso livre-arbítrio nos permite fazer mudanças. Nossa vida é envolta por mudanças. Hoje gostamos de um tipo de música, amanhã podemos gostar de outra, e o valor que damos à biodiversidade também pode ser mudado.

Por isso, diante dos argumentos práticos e econômicos que mostram a necessidade da sua conservação, por que não nos dar a chance de gostar das espécies por gostar? Isso também resultaria em uma melhor compreensão interior.

ESTUDO DE CASO
O poder das espécies ameaçadas

Pessoas que trabalham na área de direito ambiental dizem que o único grande motivo que pode embargar uma obra ou impedir que alguma atividade seja realizada é descobrir que no local existe uma espécie ameaçada de extinção. Juízes e a opinião pública sempre estão a favor das espécies ameaçadas. Ainda mais quando se trata de espécies bonitas e atrativas (chamadas de "espécies bandeira"). Na verdade, ninguém quer ser o responsável por autorizar uma atividade que possa extinguir a arara-azul no Pantanal ou o urso panda na China.

Contudo, mesmo espécies que não sejam bandeira também podem causar certo furor, embora com menos restrições. Aqui cabe um caso de uma bióloga que, com muita "sorte", encontrou uma espécie nova de onicóforo em uma área que estava para ser inundada em razão da construção de Pequena Central Hidrelétrica (PCH).

Onychophora é o nome de um grupo de invertebrados – como existem os moluscos, os insetos, existem os onicóforos. No entanto, diferentemente dos primeiros, que apresentam 100 mil espécies registradas, e os segundos, que apresentam 1,133 milhão de espécies, os onicóforos apresentam apenas 110 (RUPPERT et al., 2005). Aqueles que nunca viram um onicóforo não devem se preocupar: apenas pouquíssimas pessoas já tiveram esse privilégio. Além de existirem poucas espécies e poucos indivíduos, eles vivem escondidos nas folhas do chão ou sob objetos no solo da floresta, e, quando as condições ambientais estão desfavoráveis, vão para dentro do solo e se tornam dormentes. Além disso, algumas espécies vivem dentro de cavernas.

Aqueles que nunca tinham ouvido falar de onicóforos, mas ficaram com vontade de ver um, também não têm muito o que esperar, pois são espécies bem estranhas. São animais pequenos (do tamanho de um prendedor de cabelo) e com o corpo mole, lembrando vermes; a pele é seca, dando-lhes um aspecto aveludado – daí o nome em inglês *velvet worm* (verme aveludado). Contudo, biologicamente, são muito especiais. Eles constituem um grupo raro e muito antigo de invertebrados, com registros fósseis que datam de 530 milhões de anos atrás – época em que os continentes começaram a ser formados. Em adição a essa característica, as espécies viventes mudaram pouco durante todo esse período (são considerados "fósseis vivos"). Assim, a distribuição atual dos onicóforos, por exemplo, pode ser uma ferramenta para entendermos a história da separação dos continentes, porque, antes desse evento, os onicóforos já apresentavam as atuais características (RUPPERT et al., 2005). Por isso, o grupo é considerado prioritário para a conservação em todo o planeta, ou seja, os poucos locais em que existem onicóforos devem ser preservados. Quando a bióloga encontrou uma espécie nova de onicóforo em uma região que iria ser inundada, resolveu levar o caso para os órgãos ambientais locais, na tentativa de evitar que a obra continuasse e a "nova" espécie fosse extinta.

Na época (começo de 2007), o caso do onicóforo realmente parou a obra. Diante dos argumentos científicos, alguns promotores públicos sensibilizaram-se a favor da espécie, que poderia ser extinta. Através de uma movimentação pública, organizada pelos acadêmicos e alunos da universidade local, criaram-se expedições científicas para entender a distribuição dessa espécie. Contudo, nenhum outro exemplar foi achado (lembre que ele é muito difícil de ser encontrado) e, por forte pressão da empresa construtora da PCH, o onicóforo começou a perder a atenção das autoridades. Por fim, a obra foi reautorizada e a região foi inundada. Provavelmente, a espécie de onicóforo encontrada por aquela bióloga já está extinta.

Embora esse caso não represente uma situação em que a presença de uma espécie protegida interrompeu a continuidade de uma obra, ele é bastante simbólico, pois mostrou que uma espécie nada carismática, e que quase ninguém viu ou sabia que existia, pode representar um grande entrave para a realização de uma atividade que causará impacto ambiental.

Chocolate Kit Kat

Um segundo caso que vale a pena retratar resultou em ações mais incisivas. Isso porque a espécie era um orangotango e a empresa era a maior companhia alimentícia do mundo, a Nestlé.

O chocolate Kit Kat, da Nestlé, está entre os mais vendidos do mundo. Dizem que, se empilharmos a produção de cada 5 minutos, teremos uma torre maior que a Torre Eiffel. Em 1997, o chocolate entrou para o livro *Guinness*, pois dois anos antes chegara a vender 13,2 bilhões de tiras de chocolate (KIT KAT, 2010).

Um dos grandes segredos do chocolate é o óleo de palma (ou, para os íntimos, azeite de dendê). Só nos últimos três anos, a quantidade utilizada pela companhia foi de 320 mil toneladas.

O principal fornecedor de óleo para a Nestlé era a empresa indonésia Sinar Mas. Para plantar a palmeira e retirar o óleo, a companhia Sinar Mas tem desmatado grandes áreas de florestas na Indonésia. E exatamente nessa mesma região vivem algumas populações restantes de orangotango. Ou seja, a produção de óleo de dendê destinado para a fabricação do chocolate Kit Kat estava ameaçando o orangotango de extinção.

Em uma campanha mundial, a ONG Greenpeace publicou um relatório mostrando essa relação e fez diversas propagandas no intuito de pressionar as empresas envolvidas (GREENPEACE, 2010). Outras empresas também compravam o óleo da Sinar Mas, mas logo cancelaram os contratos, até mesmo antes da publicação do relatório, menos a Nestlé. A Unilever cancelou um contrato de 30 milhões de dólares no ano de 2009 e a Kraft cancelou o seu em fevereiro de 2010. Com isso, a pressão voltou-se para a Nestlé e o chocolate Kit Kat. Através de propagandas do Greenpeace, em menos de dois meses, cerca de 200 mil pessoas em todo o mundo começaram a pressionar a Nestlé para uma mudança de política. Em abril de 2010, a empresa cancelou todos os seus contratos diretos com a Sinar Mas e comprometeu-se a não usar mais nenhum produto proveniente de áreas de desmatamento de florestas tropicais.

O resultado dessa história pode ser resumido na fala de um dos diretores da Greenpeace, Paulo Adario: "A decisão de um ator mundial como a Nestlé é um claro sinal de que o consumidor global não aceita mais estar envolvido com produtos ligados a desmatamento e perda da biodiversidade".

Lidando com os impactos ambientais na biodiversidade

Para reduzir o impacto ambiental na biodiversidade, existem mecanismos e ferramentas bem consolidadas pela ciência. Um dos primeiros pontos é verificar se a área de atuação da empresa está dentro ou perto de áreas protegidas ou com alto valor biológico. Dentro do território brasileiro, o Ministério do Meio Ambiente apresenta uma ferramenta bastante funcional para isso, chamada de Cadastro Nacional de Unidades de Conservação (CNUC) (MMA, 2010). Com a coordenada geográfica da sua área de atuação, é possível localizar as unidades de conservação que estão próximas, além de identificar a escala política e a categoria da unidade. Se as unidades são federais, estaduais ou municipais e se são de uso sustentável ou proteção integral. Essas categorias (sustentável ou integral) são baseadas no Sistema Nacional de Unidade de Conservação (SNUC), que também especifica os tipos de categorias e sua importância social ou biológica (BRASIL, 2000).

Para entender o valor biológico da área em que a empresa está atuando, pode-se usar o mapa "Áreas Prioritárias para a Conservação, Utilização Sustentável e Repartição de Benefícios da Biodiversidade Brasileira", criado pelo Ministério do Meio Ambiente Brasileiro (MMA 2010). Nele, é possível identificar todas as áreas de alto valor biológico do país e, inclusive, verificar as recomendações feitas por especialistas do ministério para preservar a área.

Em uma escala internacional, existem diversos tipos de mapeamento de áreas de alto valor biológico. Dois que podem ser utilizados são *hotspots* e ecorregiões. O primeiro foi inicialmente uma publicação de um artigo na revista científica *Nature*, em que foram mensuradas as dez áreas mais importantes biologicamente que deveriam ser conservadas, e que depois foram estendidas para 34 áreas por pesquisadores da ONG Conservation International. Para identificar as áreas, foi utilizada a taxa de desmatamento e o número de espécies que só ocorrem nesses lugares (endêmicas). Atualmente existe um *website* específico dessa organização, que informa sobre cada *hotspot* identificado (www.biodiversityhotspots.org). O segundo tipo de mapeamento foi desenvolvido pela ONG World Wildlife

Found (WWF). Os pesquisadores identificaram 867 áreas ao redor do mundo que são prioritárias para conservação e que foram chamadas de *Global 200 ecoregions*. Esse nome se deve ao fato de que, em um primeiro estudo, foram identificadas apenas 223 ecorregiões (OLSON; DINERSTEIN, 2002). Nesse estudo, as áreas foram selecionadas conforme a riqueza de espécies, endemismo, singularidade taxonômica, ecologia incomum e raridade global. No site da WWF também podem ser encontradas as ecorregiões identificadas.

Um segundo ponto é avaliar o impacto ambiental que as atividades, os produtos ou serviços estão causando. Essa avaliação é normalmente feita através de uma técnica chamada de Inventários Biológicos Rápidos ou Programa de Avaliação Rápida. Procura-se avaliar os locais mais importantes para conservação naquela área e quais pontos deverão ser (ou estão sendo) impactados com a atividade. Equipes multidisciplinares são necessárias, e cada uma focaliza um grupo de espécies diferente. Há aqueles que irão verificar os mamíferos presentes na área; alguns, as aves; outros as plantas etc. Cada grupo tenta identificar espécies que possam dar indícios da qualidade da paisagem. Por exemplo, se encontrarem alguma espécie de perereca muito sensível a qualquer modificação na paisagem, saberão que aquela área não poderá sofrer grandes impactos ambientais. Também tentarão identificar as áreas em que, se forem modificadas, menos espécies sofrerão.

No entanto, esses inventários não devem ser estendidos a mais de quatro semanas de viagem a campo, o que pode mascarar características específicas da paisagem. Espécies raras, normalmente mais sensíveis ao impacto ambiental, provavelmente não serão encontradas e, portanto, não entrarão no relatório dos possíveis impactos ambientais. Essa avaliação também exige investimento considerável, pois conta com a presença de diversos especialistas.

A utilização de sensoriamento remoto e outros tipos de dados espaciais é uma ferramenta que pode diminuir as dificuldades dessa avaliação. Com a utilização de imagens de satélite, o processo de monitoramento torna-se mais rápido e necessita de menor quantidade de profissionais. Soma-se a isso a recente melhoria na precisão das imagens de satélite e o seu fornecimento sem custos por instituições como o Instituto de Pesquisas Espaciais – INPE ou o Google Imagens.

Um estudo interessante foi feito pela Escola Superior de Conservação Ambiental e Sustentabilidade com as torres para antenas de celular (ERBs). Como existem muitas ERBs espalhadas para cada operadora, uma análise rápida e barata facilitaria e aumentaria a abrangência da avaliação dos impactos ambientais.

O estudo buscou verificar, através de imagens de satélite, as variáveis ambientais dos locais em que seriam instaladas ERBs. Através de uma modelagem matemática, elaborou-se um mapa das áreas que sofreriam menor impacto. O estudo também foi interessante porque agregou o preço da compra do terreno para a companhia e, na modelagem, equilibrou o preço com a relevância biológica.

O importante desse ponto é que apenas através dos inventários rápidos, das imagens de satélite ou da combinação dos dois será possível verificar os impactos ambientais das atividades, produtos ou serviços das empresas. Eles serão a base para a sua mitigação e preservação de espécies na natureza. Sem saber onde estamos modificando, não saberemos onde preservar.

Diante dos impactos causados, há, normalmente, a necessidade de mitigação desses impactos. Chegamos então à restauração e à proteção de hábitats. Na verdade, esse ponto é importante não apenas para a biodiversidade, mas também para a imagem sustentável da empresa. Não é à toa que o maior destaque no site da mineradora MMX é a foto de uma área comprada para preservação no meio do Pantanal. A reserva, chamada de Engenheiro Eliezer Batista, apresenta quase 20 mil hectares e é o carro-chefe da mineradora na campanha ambiental, pois protege mamíferos altamente ameaçados de extinção como o tatu-canastra, a onça-pintada e a ariranha.

Restaurar hábitats também é importante para a biodiversidade. O reflorestamento de áreas que estavam degradadas permite a volta de espécies que tinham sido extintas localmente. Com isso, inúmeros serviços ambientais prestados antes poderão retornar e trazer ganhos econômicos. Algumas vezes, a restauração é considerada uma atividade cara. Embora seja específico de cada local, estima-se que o preço do hectare restaurado seja de 5 mil dólares. Contudo, existem meios de reduzi-lo. Técnicas simples, como montar poleiro de aves para atrair pássaros para o local, depositar troncos e folhas cortadas para tornar o solo rico em nutrientes ou transpor solos de locais florestados (esses solos são ricos em sementes que irão germinar na nova área) podem reduzir o custo do reflorestamento.

A restauração pode ser importante não apenas para o local reflorestado, mas também em um contexto maior, pois pode ligar áreas florestadas que estavam desconectadas. Esse tipo de "ponte" ou "corredor" permite às populações de cada área, que não estavam ligadas, circular entre as duas áreas (CARO et al., 2009). É semelhante a importância que a globalização tem para o progresso da sociedade.

Voltando às duas histórias do começo do texto, do onicóforo e do orangotango, é igualmente importante ser transparente com relação ao impacto sobre espécies ameaçadas, que, como visto nos exemplos, causa comoção popular e entraves legais. Mas como ser transparente com algo que pode realmente causar barreiras na continuidade da atividade? A solução é usar o problema a favor.

Esconder que uma atividade afeta uma espécie em extinção, atualmente, é algo complicado. Com poderosas ferramentas em mãos para a fiscalização, como grupos de discussão, blogs, comunidades virtuais, a sociedade consegue expor e compartilhar as atividades que podem ameaçar essas espécies. Por isso, a solução é usar a espécie como bandeira de campanha ambiental, tentar eliminar o impacto ambiental que influencia na sobrevivência da espécie e iniciar outras campanhas para a preservação. Porque, assim como há uma forte pressão negativa para aqueles que podem extinguir uma espécie, há uma grande admiração por empresas que prezam pela sua preservação.

Capítulo 3

O uso da terra

O som da fotossíntese em um Stradivarius

No dia 16 de maio de 2006, foi vendido o instrumento musical mais caro da história, um violino Stradivarius denominado "The Hammer". O preço estimado para venda girava em torno de 2,5 milhões de dólares, contudo, após uma intensa disputa entre dois compradores, o violino foi vendido por 3,5 milhões de dólares, 40% acima do valor estimado.

O criador desse violino, Antonio Stradivari, nasceu na Itália, em 1644, e, em seus 93 anos de vida, conseguiu produzir os melhores violinos feitos até hoje. A qualidade do violino está principalmente no som: um Stradivarius consegue reproduzir uma música de forma intensa e melódica em que todos os tons das notas musicais soam sempre claros. No entanto, um Stradivarius não é caro apenas em razão de sua qualidade. Até hoje não são conhecidas com exatidão as características de sua construção que tornam o som tão peculiar. São cerca de trezentos anos de pesquisa sem uma resposta certa, tornando-se um instrumento único e sem replicação (STRADIVARIUSVIOLINS, 2010).

Na natureza, também existem alguns "Stradivarius", e o mais importante deles é a fotossíntese, em função da qual podemos respirar e nos alimentar. Ela é o início de toda a vida. E, assim como o Stradivarius, não conseguimos replicá-la. São os seres fotossintéticos que nos dão suporte para sobreviver.

A fotossíntese

Para ser um organismo fotossintético, não é suficiente apenas querer ou ter força de vontade, é preciso apresentar moléculas de clorofila, carotenoides ou bilinas dentro de algumas células.

Quanto maior a quantidade, mais fotossíntese poderá ser realizada. Sem essas moléculas, é impossível realizar fotossíntese. Entre todos os seres vivos, apenas as plantas, algas, microalgas e algumas bactérias realizam fotossíntese.

O primeiro componente necessário para a realização da fotossíntese é o sol, responsável por produzir energia para que ela ocorra. A luz solar é o gatilho para o início da fotossíntese. Dos milhares de *quanta* (pacotes de energia) produzidos no sol, parte do que chegará à terra será absorvido pelas plantas e alguns outros organismos. É interessante notar que apenas uma pequena parte da energia que chega até esses seres será absorvida. Nas plantas, por exemplo, apenas cerca de 1% de toda a energia é absorvida (BEGON, 2007).

A fotossíntese é iniciada com a chegada da luz do sol, a chamada fase clara ou fotoquímica. Basicamente, nessa fase a luz do sol vibra moléculas e transfere essa energia para elétrons – é o famoso processo de "esquentar". Contudo, diferentemente dos seres humanos, os organismos fotossintéticos não apenas esquentam quando estão no sol, mas utilizam essa energia para produzir compostos eletrizados. Esses compostos são "aglomerados" de moléculas de fósforo, nitrogênio, oxigênio e hidrogênio que juntos podem formar ATP (adenosina trifosfato) ou o $NADPH_2$ (nicotinamida adenina dinucleótido fosfato). Basicamente, a fase clara da fotossíntese é a conservação da energia luminosa em formas químicas.

Uma das principais fontes para eletrizar o ATP e o $NADPH_2$ é a água (H_2O). Com a energia solar e a ajuda de alguns pigmentos fotossintéticos, algumas moléculas de água são "quebradas"dentro das células e a parte "H" (hidrogênio) irá eletrizar o ATP e o $NADPH_2$, enquanto a parte "O" (oxigênio) se tornará o oxigênio. É interessante notar a importância da quebra de água na fotossíntese, porque o oxigênio produzido nesse processo é apenas um "resíduo" dessa fase, como se fosse a casca da laranja quando fazemos suco. Contudo, o oxigênio pode ser considerado o resíduo mais importante para a sobrevivência dos seres vivos.

Após a eletrização daqueles compostos, a fotossíntese entra na fase escura ou bioquímica, na qual a luz não é mais necessária. Os compostos químicos eletrizados produzidos na fase clara, mais a adição de gás carbônico (CO_2), serão agora utilizados para produzir compostos energéticos (basicamente açúcares). Serão esses compostos que possibilitarão a manutenção do metabolismo.

Reunindo as reações da primeira e da segunda fase, a fotossíntese pode ser descrita como a transformação do gás carbônico e da água ($CO_2 + H_2O$) em açúcares e oxigênio (O_2) pela utilização da energia do sol. Com os produtos da fotossíntese concluídos, será iniciado o grande motor da vida: o metabolismo. É o som do mais importante Stradivarius da natureza.

É interessante ler sobre a importância do sol no livro *Moisés e o monoteísmo*, de Sigmund Freud. Segundo o autor, os fundamentos da religião judaica e, consequentemente, da cristã, surgiram a partir dos ensinamentos de Moisés. E que Moisés era um tipo de governador em uma província no Egito, tendo vivido à época do faraó Amenófis IV ou Akhenaton. Esse faraó foi conhecido por inverter toda a lógica da religião egípcia e implantar o monoteísmo baseado na adoração ao rei sol, que, pelas descobertas da época, já era considerado o criador e preservador de todos os seres vivos. Quando o faraó morreu, sua religião também acabou. Assim, na tentativa de preservar seus ensinamentos, Moisés fugiu com os habitantes de sua província – o chamado Êxodo do Egito. Por isso, embora muitas características da religião tenham sido modificadas, pode-se concluir que a religião monoteísta surgiu, em parte, pelas descobertas sobre a importância do sol para a vida na terra (FREUD, 1997).

Metabolismo, o motor da vida; fotossíntese, o combustível

Todos os seres vivos precisam realizar metabolismo para se manter vivos. Apenas certos estados de latência de alguns vírus ou agregados proteicos que apresentam estados "estranhos" de existência (como, por exemplo, os príons causadores de encefalopatia espongiforme bovina ou a chamada "doença da vaca louca") podem, por algumas frentes teóricas, ser considerados seres vivos sem realizar metabolismo. Mas a regra é válida em todos os outros casos.

Metabolismo é o conjunto de todas as reações químicas que um organismo realiza dentro de suas células, podendo ser realizado como anabolismo ou catabolismo. Anabolismo é basicamente a fabricação de compostos e está vinculado à produção de moléculas complexas e ao aumento de massa. Catabolismo está relacionado à produção de energia. Esse processo é a quebra de moléculas orgânicas até um estado simples para ser usado como energia. Essas moléculas têm a mesma função que o combustível do carro: fazer o motor funcionar. Elas são a fonte para fazer o organismo crescer (anabolismo) e se autossustentar. Sem energia, não há metabolismo e, portanto, desconsiderando os "seres" que fogem à regra, não há vida.

Nessa manutenção da sobrevivência, os organismos fotossintéticos levam vantagem, pois, por realizarem fotossíntese, eles produzem carboidratos, os quais serão usados como fonte de energia, ou seja, eles produzem seu próprio alimento. Em um paralelo com os seres humanos, quando queremos nos alimentar, vamos ao mercado; já os seres fotossintéticos não precisam, pois produzem o seu próprio alimento durante a fotossíntese. Um exemplo que parece quebrar essa regra é o das plantas carnívoras. No entanto, essas plantas não utilizam suas presas para se alimentar. Na verdade, utilizam apenas alguns nutrientes escassos do solo, como, por exemplo, nitrogênio (TAIZ; ZEIGER, 2004).

O resumo desses mecanismos é que os seres fotossintéticos são os únicos que produzem seu próprio alimento. O que fazem todos os demais é comer os seres fotossintéticos, ou então, "comer aqueles que os comeram".

Assim, a energia produzida pelos seres fotossintéticos vai

sendo repassada entre as espécies até que o último predador morra e essa energia seja perdida em forma de calor – chamado de fluxo de energia ou primeira lei da termodinâmica. Para que a vida continue, nova quantidade de energia deverá ser sintetizada através do sol. Nesse processo, quanto maior a quantidade de fotossíntese realizada e mais energia produzida, mais indivíduos poderão se alimentar. Por isso, um local que apresente grande quantidade de luminosidade provavelmente terá uma alta biodiversidade. Essa relação é, de certa forma, válida quando observamos que as florestas com maior biodiversidade do mundo, como Amazônia, Madagascar, Floresta do Congo, estão localizadas perto da linha do Equador, região com maior incidência de sol. (Veja a Figura 1 do Anexo.)

Agricultura – mudando as regras do jogo, mas sem mudar o tabuleiro

A espécie *Homo sapiens*, durante quase toda a sua história, basicamente caçava e coletava o seu alimento. E, quando um caçador comia um pedaço de carne, por exemplo, a energia adquirida apresentava a seguinte história: a planta produziu carboidratos através da fotossíntese, o animal comeu essa biomassa e a transformou em energia e o caçador matou o animal e utilizou a energia para sobreviver. No entanto, nesse modelo, nem toda a energia produzida pela planta foi utilizada pelo animal e nem todos os animais foram comidos pelo caçador. A energia proveniente do sol e produzida pela fotossíntese era disputada entre diversas espécies, e a quantidade de alimento dependia de quanto a natureza tinha para oferecer e de quanto as outras espécies a utilizavam. Nessa luta pelo alimento, as populações apresentavam um tamanho limitado.

Há cerca de 10 mil anos, algumas sociedades humanas começaram a mudar esse modelo. Em vez de coletar o alimento, começaram a cultivar plantas ao redor das aldeias e, em vez de caçar, começaram a domesticar animais selvagens e alimentá-los com as espécies cultivadas. Teorias de como se desenvolveu a agricultura ainda não são definitivas (SUTTON; ANDERSON, 2004), mas o que se pode afirmar é que foi a partir desse momento que o homem começou a direcionar toda a biomassa produzida pela fotossíntese para sua própria alimentação, pois substituiu florestas por espécies de plantas que conseguia manejar. Assim, não precisava mais lutar pelo seu alimento.

A agricultura revolucionou toda a história do homem. A expansão dessa prática permitiu acumular maior quantidade de recursos e, consequentemente, maior número de pessoas passou a viver junto.

Vale lembrar que a agricultura não apenas revolucionou a história do homem, mas também de todas as outras espécies. Atualmente, quando nos referimos ao problema da extinção de espécies selvagens e a consequente perda de serviços ambientais, a agricultura é o principal eixo causador. Isso porque quando um local florestado é substituído para o uso da agricultura, a biomassa que ele gerava, e que sustentava uma biodiversidade, é redirecionada apenas para o homem; sem recursos para sobreviver, grande parte das populações selvagens é extinta localmente. Com a grande expansão das áreas agrícolas, grande número de espécies tem entrado em extinção.

A fotossíntese, a agricultura e a quantidade de comida

O grande ponto da agricultura é entender que ela não foi uma reinvenção do uso de recursos da natureza, mas sim um redirecionamento. E, embora a maioria de nós não seja caçador nem colete seu próprio alimento, ainda somos dependentes de quanto uma área recebe de sol e de quanto ela pode suportar de plantas para a produção agrícola. Concluindo: existem limites para o aumento da produção de comida.

Embora os modelos de sustentabilidade sejam atuais, tal discussão já é bastante antiga. Entre os grandes pensadores, destaca-se Karl Marx (1818-1883). Ele dizia que a agricultura tinha uma característica diferente da produção industrial, a qual, teoricamente, poderia ser aumentada infinitamente. Já a agricultura não, porque existem limites naturais de produção na terra.

Na mesma época, o economista, matemático e clérigo inglês Thomas Robert Malthus (1766-1834) também indagou sobre a quantidade de comida e o número de pessoas no planeta. Em seu primeiro livro, chamado de *Ensaio sobre o princípio da população*, com observações sobre as especulações do Sr. Godwin, M. Condorcet e outros escritores (1798), analisou a relação alimento-população pela seguinte lógica: a quantidade de pessoas no mundo cresce multiplicando-se, e a quantidade de alimento somando-se. Portanto, segundo ele, chegaria um momento em que não haveria alimento para todos. Seguindo esse princípio, ele defendia um severo controle populacional para acabar com a fome no mundo.

Malthus, porém, faz parte daqueles casos de teóricos, jogadores de futebol e artistas de televisão que caem em desgraça pela "boca do povo". Ele foi muito criticado por suas opiniões. Seus opositores alegavam que o principal motivo da fome seria a distribuição de comida, e não a quantidade produzida. Malthus publicou mais cinco ensaios sobre populações, nos quais revia muito das suas opiniões, mas não foram levados em conta (CLARKE, 2006).

No resumo dessa discussão, podemos dizer que, embora uma solução mais simples e imediata para a escassez de algum recurso seja a produção de mais recurso, no caso da produção de alimento essa lógica apresenta uma falha fundamental, pois a quantidade de terra é limitada e não poderemos aumentar a produção de comida infinitamente.

O crescimento populacional e o aumento de áreas agrícolas

O fluxo de energia ou a primeira lei da termodinâmica é intransponível. Assim como não podemos voar, em razão da lei da gravidade, também não podemos produzir mais alimento além da energia proveniente do sol e produzida pela fotossíntese. Contudo, até hoje, ele não foi muito considerado, e, conforme a população tem aumentado nas últimas centenas de anos, incentiva-se apenas a produção de mais alimento e a consequente expansão de áreas transformadas para a agricultura. É interessante notar que, mesmo dentro da ciência, essa teoria demorou a ser aceita. Quando o cientista Raymond Lindeman tentou publicar, em 1942, um manuscrito sobre o assunto na revista científica *Ecology*, ele foi recusado e apenas aceito depois de demoradas brigas intelectuais. No entanto, uma vez publicado, revolucionou toda a interpretação da natureza (KINGSLAND, 1991). Um fato triste dessa história é que Lindeman não chegou a ver seu artigo publicado na revista, pois morreu quatro meses antes.

O primeiro incentivo para o aumento da produção agrícola aconteceu após a Revolução Industrial, como uma resposta ao primeiro *boom* populacional mundial nessa época, principalmente na Europa. Em 1825, o mundo atingiu o seu primeiro bilhão de habitantes, e só nos países desenvolvidos a população saltou de 500 milhões para 800 milhões entre os anos de 1850 e 1900. Em 1928, já atingiu o seu segundo bilhão. Acompanhando esse crescimento, entre 1700 e 1950, a quantidade de terra utilizada para produção agrícola passou de 265 milhões de hectares para 1,2 bilhão de hectares (GROOM; VYNNE, 2006).

Em pouco tempo, no entanto, a agricultura começou a esbarrar em dificuldades, pois as técnicas rudimentares não possibilitavam intensificar a produção de alimento. Mas, para alegria de todos, o cientista americano Norman Borlaug (1914-2009) tinha uma solução. No começo da década de 1940 ele desenvolveu uma variação de trigo que era resistente a vários tipos de doenças. Seu experimento começou no México, no entanto, o sucesso foi tanto que entre as décadas de 1960 e 1970 espalhou-se pelo mundo e recebeu o nome de Revolução Verde.

Essa "revolução" foi muito além da produção de uma variação

de trigo mais resistente, ela significou a disseminação de novas sementes e práticas agrícolas que permitiram um vasto aumento na produção de alimento. O modelo se baseia na utilização de sementes modificadas, (particularmente sementes híbridas), insumos industriais (fertilizantes e agrotóxicos), mecanização e diminuição do custo de manejo. Também é creditado à Revolução Verde o uso extensivo de tecnologia no plantio, na irrigação e na colheita, assim como no gerenciamento de produção. Com a Revolução Verde, os países industrializados prometiam aumentar a produtividade agrícola e resolver o problema da fome no mundo (LOWE, 2009). A esperança de afastar o fantasma das teorias de Malthus foi tão forte que o Dr. Borlaug ganhou o prêmio Nobel da Paz em 1970 (NOBEL PRIZE, 2010).

A Revolução Verde realmente cumpriu parte do esperado, pois aumentou a produção a agrícola e, consequentemente, também aumentou a produção de alimento. Somente no leste e no sudeste da Ásia, a produção de carne subiu de 3 milhões de toneladas, no começo da década de 1960, para 20 milhões em 1980, 60 milhões em 1990 e para 100 milhões de toneladas em 2007 (GROOM; VYNNE, 2006). Ou seja, em menos de 50 anos, passou de 3 milhões para 100 milhões. Nessa mesma região, a área de pastagem aumentou de 623,4 milhões de hectares para 832,8 milhões em 2007. No mundo, a área desmatada para uso agrícola atingiu 1,5 bilhão de hectares em 2000 e, anualmente, a agricultura expande-se cerca de 0,3%, uma área equivalente a países como Grécia e Nicarágua (WOOD et al., 2000). Atualmente, cerca de 40% da superfície de terra já está tomada pela agricultura (FOLEY et al., 2005). Considerando apenas áreas aráveis, cerca de 98% já foram desmatadas (SANDERSON et al., 2002), e somente na Europa e no sul da Ásia mais de 70% das terras são usadas (Wood et al., 2000). Portanto, a revolução agrícola realmente expandiu e aumentou a produção de alimento no mundo, mas ainda não é suficiente.

O primeiro ponto é que, mesmo com essa produção maciça de comida, muita gente ainda passa fome. Segundos dados da FAO (Organização das Nações Unidas para Agricultura e Alimentação, 2009), entre 2000 e 2002, existiam 850 milhões de pessoas desnutridas. Entre 2004 e 2006, esse número aumentou para 875 milhões e, em 2008, eram 925 milhões. Atualmente, o número de pessoas subnutridas é mais do que 1 bilhão, ou seja, quase um sexto da população. E, como nada é tão ruim que não possa piorar, soma-se ao atual problema a previsão de que, em um prazo de menos de quarenta anos, a população mundial deverá aumentar cerca de 34%, chegando a 9,1 bilhões de pessoas em 2050 para serem alimentadas.

Assim, pela lógica seguida atualmente, deveremos aumentar a produção de alimento para essas pessoas que passam fome e para as que possivelmente virão. Segundo estimativas da FAO (2009), será necessário aumentar em cerca de 70% a produção de alimento até 2050. A produção de cereal deverá passar dos atuais 2,1 bilhões para 3 bilhões e a produção de carne deverá mais que duplicar, passando dos atuais 200 milhões de toneladas para 470 milhões. Mas para onde aumentar, se grande parte das terras aráveis já estão ocupadas? Para uma resposta, vale ler o artigo "The trophic-dynamic Aspect of Ecology", de Raymond Lynderman, no volume 23, número 4, da revista cientifica *Ecology* de outubro de 1942, entre as páginas 399 e 418, mostrando que isso não é possível.

ESTUDO DE CASO

A história contada do desmatamento na Amazônia*

O desmatamento de áreas naturais tem acompanhado a história do homem. Desde o surgimento da agricultura, há cerca de 10 a 15 mil anos, muitas florestas começaram a ser substituídas para o plantio de espécies comestíveis e, conforme aumentava a quantidade de pessoas nesses grupos, maior era a quantidade de áreas a serem desmatadas (SUTTON; ANDERSON, 2004). É interessante notar que a substituição de áreas naturais não estava apenas relacionada ao desenvolvimento da agricultura. O crescimento populacional também acarretou uma maior complexidade social, e o desmatamento ocorria para a realização de outras atividades, como cultos religiosos ou construção de moradias (DIAMOND, 2005).

Com o início do Mercantilismo, a exploração de florestas mudou o seu foco e o desmatamento passou

* Artigo originalmente publicado na revista on-line *O Eco Amazônia* em 1/11/2010, por Chiaravalloti.

a ter um caráter mais econômico. Em muitas colônias, as únicas atividades realizadas estavam relacionadas à coleta de produtos florestais para serem vendidos na Europa. E, uma vez que a Amazônia foi descoberta, suas matas começaram a ser exploradas por países como Portugal e Espanha. Nessa época, o objetivo principal já era extrair suas possíveis riquezas e implementar a pecuária e a agricultura na região. No entanto, a tecnologia ainda não permitia que houvesse grandes modificações.

O desmatamento expressivo na Amazônia começou entre as décadas de 1960 e 1970, durante a ditadura militar no Brasil. A influência do comunismo soviético e o sucesso da revolução cubana, em 1959, deram início a diversos movimentos revolucionários. E, como muitos desses movimentos usavam áreas de florestas como zonas de treinamento e expansão, o governo brasileiro via a Amazônia como região estratégica para assegurar a "integridade nacional". É importante frisar que junto a essa justificativa também havia a percepção de que a Amazônia era uma grande área improdutiva, e apenas seria economicamente lucrativa se fosse ocupada e desmatada.

Incentivos ao desmatamento

Com a ajuda dos Estados Unidos, o governo brasileiro elaborou o Plano de Integração Nacional (PIN), no qual criou diversos incentivos para que famílias de áreas mais densamente ocupadas migrassem para a Amazônia. O Sistema Nacional de Crédito Rural (SNCR), por exemplo, financiava a implementação de sistemas agrícolas e, embora fosse destinado a todo o território brasileiro, os grandes incentivos estavam focados para aplicação na região norte (FÜRSTENAU, 1987). Para ligar a região a grandes centros urbanos, o governo também iniciou a construção de grandes rodovias, como a Transamazônica (BR-230) e a Cuiabá-Santarém (BR-163). Com esses incentivos, esperava-se uma migração de mais de 70 mil famílias para a região amazônica.

Como consequência desse período, o total de floresta desmatada na Amazônia foi massivo. Apenas em janeiro de 1978, 16.900 km^2 foram desmatados e, em um espaço de 10 anos, a média de desmatamento era de 19.840 km^2 por ano (LAURENCE et al., 2002). Ou seja, uma área quase do tamanho de Israel era desmatada por ano.

Entre o fim do período militar (década de 1980) e o começo da década de 1990, a economia brasileira entrou em recessão e os incentivos para a migração e ocupação da Amazônia foram diminuídos. Os recursos para estruturar e desenvolver a economia durante o período militar eram provenientes de financiadores internacionais e, como consequência, a dívida externa brasileira aumentou. Em 1982, ela já atingia 300 bilhões de dólares. O aumento da dívida em uma economia pouco estruturada, em conjunto com outros fatores, fez com que a inflação disparasse e atingisse, no final da década de 1980, 1.157% ao ano. Em 1990, numa das tentativas de controlá-la, o governo congelou grande parte das contas bancárias, o que quase paralisou a economia interna do Brasil. Entre 1988 e 1991, o Produto Interno Bruto (PIB) brasileiro decresceu 0,05% (IPEA, 2010a). Nesse período, o desmatamento caiu 52% e, em 1991, a quantidade de floresta cortada foi a segunda menor da história (11.030 km^2) (INPE, 2010).

Sobe e desce nos índices

Em 1995, foi registrada a maior taxa de desmatamento desde o final do período militar: quase duas vezes a taxa do ano anterior (INPE, 2010). Esse salto dramático ocorreu, principalmente, em razão do Plano Real em 1994, criado como tentativa de reduzir a inflação dos anos anteriores, ao fazer com que a moeda brasileira estabilizasse o seu valor, pareando-a com o dólar americano. O resultado foi um aumento dos investimentos das empresas brasileiras em 1995. As fazendas de gado na Amazônia, por exemplo, puderam importar implementos agrícolas com menor custo e expandir a sua área de ocupação.

Esse plano teve como consequências o aumento do déficit nacional e das taxas de juros, causando sérios problemas a vários bancos nacionais – o Banco Nacional e o Banco Econômico, por exemplo, faliram nesse período. Assim, após um 1995 agitado, a economia brasileira passou a crescer mais devagar, tendo como efeito uma grande queda no desmatamento nos anos posteriores a 1995 (INPE, 2010). (Veja o Gráfico 3.1.)

O desmatamento voltou a crescer novamente em 2002 (INPE, 2010), período particularmente importante porque fazendeiros da Amazônia começaram a adquirir mais independência dos financiamentos do governo brasileiro. A primeira mudança foi a melhora no sistema de produção de gado, o que aumentou a quantidade de animais produzidos por área. A segunda mudança, e a mais significativa, foi a erradicação de doenças importantes, como a encefalopatia espongiforme bovina – BSE – e a febre aftosa, permitindo que os estados amazônicos do Mato Grosso, Acre e metade do sul do estado do Pará pudessem exportar a carne bovina para a Europa. Os dois fatos possibilitaram aumento substancial do lucro das fazendas na Amazônia, gerando grande investimento e uma expansão da área ocupada. Em 2004, a quantidade desmatada foi próxima à taxa de 1995.

Em 2004, o governo brasileiro tentou reduzir o desmatamento e criou o Plano para a Prevenção e Controle do Desmatamento na Amazônia (PPCDAM). Esse plano propôs objetivos e metas de redução das taxas de desmatamento e foi a base para o importante Fundo Amazônia. Os três objetivos principais eram: (i) ordenamento fundiário e territorial, (ii) monitoramento e controle ambiental e (iii) fomento a atividades produtivas sustentáveis. Em razão das primeiras ações desse plano e o início de outras atividades governamentais coordenadas pela então ministra do Meio Ambiente, Marina Silva, o desmatamento começou a reduzir em 2005 (INPE, 2010).

Reduções do desmatamento, semelhantes à de 2005, também ocorreram em 2006 e 2007. Em 2008, houve um pequeno aumento, e em 2009 foi registrada a menor taxa de desmatamento desde 1988. A redução da taxa de desmatamento em 2009, no entanto, parece estar mais ligada à crise econômica desse ano do que aos planos governamentais brasileiros, uma vez que, em 2010, mais planos foram criados, como o Plano da Amazônia Sustentável, e o desmatamento teve um leve aumento.

Gráfico 3.1. Desmatamento na Amazônia entre os anos de 1988 e 2009. Dados presentes no INPE – Instituto de Pesquisas Espaciais.

Persistência nas derrubadas

Após centenas de anos de ocupação na Amazônia, é fácil notar que a ideia de desmatar a floresta ainda existe. A economia local é baseada, principalmente, em empreendimentos que envolvem o conceito de que um bom modelo de negócios é apenas viável com a floresta cortada. E, infelizmente, os incentivos dados pelo governo ao longo dos anos transformaram essa ideia em um modelo econômico lucrativo. Assim, a situação da Amazônia só será alterada e o desmatamento reduzido quando os grandes planos governamentais se articularem com profundas mudanças no modelo de negócios local.

Usando essa lógica, algumas pessoas, organizações, governos e empresas estão tentando reduzir o desmatamento na Amazônia. São negócios inovadores que usam o valor da floresta em pé para preservá-la e promover o bem-estar da população local. Bons exemplos são o Fundo Amazônia, a Fundação Amazônia Sustentável, Amata, Macrozoneamento Ecológico e Econômico da Amazônia Legal e muitos outros que são iniciativas capazes de mudar mais de 400 anos de um modelo econômico tradicional.

Então, como alimentar mais pessoas sem aumentar a produção?

A quantidade de comida existente no mundo parece não ser suficiente para todos, e, com o aumento da população mundial nos próximos anos, será menor ainda. Por isso, temos dois problemas para resolver: o problema da fome atual e o de como encontrar solução para alimentar uma população de mais de 9 bilhões de pessoas no futuro.

No entanto, o primeiro problema – a fome no mundo – não está relacionado à quantidade de comida produzida. O problema está na divisão dessa comida. Pode-se dizer que o grande problema da subnutrição de alguns é a sobrenutrição de outros. Ou melhor, produzimos muita comida, no entanto, ela é mal distribuída. Isso pode ser verificado pelo grave problema de obesidade mundial.

Nos países mais desenvolvidos, a comida é relativamente barata e não representa mais do que 15% dos gastos mensais. Associada ao baixo custo, a alimentação está baseada em comidas com alta quantidade calórica, sendo composta, principalmente, por açúcares, carboidratos e gordura, uma combinação perfeita para criar uma geração de pessoas acima do peso.

Para se ter uma ideia, hoje a obesidade é considerada um dos maiores problemas de saúde pública em países desenvolvidos. Antes de 1980, a porcentagem de pessoas com sobrepeso era menor do que 10%, hoje, 50% ou mais da população mundial está com sobrepeso. Isso representa um total de quase 3,5 bilhões de pessoas, mais de três vezes o número de pessoas que passam fome – 1 bilhão. Nos Estados Unidos, essa porcentagem chega a 70% da população, sendo que mais de 30% são considerados obesos. Em países como o Reino Unido, por exemplo, a porcentagem de obesos saltou de 7% em 1980 para quase 25% em 2008 (OECD, 2010). Assim, o que se pode supor nessa soma e divisão de carboidratos é que, possivelmente, se somarmos a quantidade de alimento consumido no mundo todo e dividirmos pela população, na média, ninguém passa fome, ou, teoricamente, não precisaríamos aumentar a produção de alimento por algum tempo.

Em adição ao problema da sobrenutrição, existe a grave questão do desperdício de comida. Enormes quantidades de alimentos são descartadas no processamento, no transporte, nos supermercados e nas cozinhas. Nos países mais pobres, a maioria dos alimentos é descartada antes de ter a chance de ser consumida. Nos países mais ricos, a produção é mais eficiente, no entanto, a geração de resíduos é maior: as pessoas desperdiçam os alimentos que compram.

Segundo o relatório "Saving water: from field to folk" (LUNDQVIST et al., 2008), estima-se que, ao longo da cadeia de produção de alimento, jogamos fora praticamente 50% de toda a produção. A conclusão dessa conta é que estamos produzindo alimentos não apenas para dar conta de nosso consumo necessário, mas também de nossos hábitos perdulários ou das nossas extravagâncias.

Um segundo ponto a ser discutido é o tamanho populacional. Chegaremos a 9 bilhões em 2050, o que, com certeza, é muita gente. No entanto, à medida que as gerações estão passando, milhares de pessoas estão se urbanizando e tendo acesso à saúde e à assistência médica. Com isso, métodos anticonceptivos são mais popularizados, o que leva a um maior planejamento familiar. Tais características têm resultado em uma desaceleração do crescimento populacional.

Se olharmos o Brasil, por exemplo, o quadro atual já é de desaceleração. Desde a década de 1960, a taxa de crescimento populacional brasileira vem experimentando declínios. Entre 1950 e 1960, a taxa era de mais de 3%. Em 2008, essa taxa caiu para quase 1%. Em 2050, quando a população mundial atingir os 9 bilhões de habitantes, a brasileira deverá estar decrescendo em quase 0,3% (IPEA, 2010b).

Outro exemplo que mostra essa desaceleração é o caso da China. Embora seja o país mais populoso do mundo, houve uma acentuada queda na taxa de crescimento nos últimos anos. Com o aumento da urbanização na década de 1950 e o início de um intenso controle de natalidade na década de 1980, cerca de 200 milhões de chineses deixaram de nascer. Segundo uma série histórica de taxa de crescimento, a China reduziu de 0,9% em 2000 para 0,65% em 2009 a sua taxa de crescimento populacional (CPDRC, 2010) – uma redução de quase 50% em menos de dez anos.

A preocupação com o crescimento populacional é importante, contudo, a própria urbanização reduz a taxa de natalidade. Se analisarmos a Europa, por exemplo, observa-se uma das maiores taxas de urbanização do mundo (mais de 73%) e, respectivamente, uma das menores taxas de fertilidade, com cerca de 1,5 filho por casal (EUROSTAT, 2009). Assim, embora existam pessoas que defendam um controle de natalidade mundial, ele não se justifica, pois o próprio desenvolvimento local reduz a taxa de fertilidade.

Portanto, em vez de incentivos para o aumento na produção de comida e para a expansão de áreas para a agricultura, o mais sensato seria redistribuir a comida já produzida e melhorar os processos para evitar desperdício, pois aí está a única maneira de não esbarrarmos na lei natural sobre os limites para a produção de alimento.

A luz no fim do túnel é verde!

A nossa satisfação e o nosso desejo de consumir estão ligados à construção da nossa identidade. Isso porque as nossas escolhas de consumo são fruto daquilo que acreditamos ser mais adequado às nossas crenças. E, na busca dessa realização pessoal, muitas pessoas têm escolhido um consumo menos predatório, chamado de consumo consciente ou verde.

Esse tipo de consumo, teoricamente, não é baseado na quantidade, mas na qualidade do produto. A ideia é simples: em vez de consumir três chinelos em um ano, consuma apenas um que dure o ano todo. Seguindo essa mesma ideia, diversos outros exemplos relacionados à preservação ambiental e à saúde têm aparecido de forma importante em nossa sociedade.

Um dos indícios desse movimento pode ser observado na porcentagem de fumantes, que tem caído, ano após ano, em alguns países. No Reino Unido, por exemplo, no ano de 1980, 39% da população com mais de 15 anos era de fumantes diários. Em 2008, esse índice passou para 22%. Nos Estados Unidos, nesse mesmo período, a porcentagem foi de 33,3% para 16,5% (OECD, 2010). Ou seja, muitas pessoas têm feito pequenas escolhas no sentido de preservar a sua saúde. Acompanhando a diminuição do uso de cigarros, diversas leis locais têm proibido o seu uso em locais fechados como bares. Em 2007, na Inglaterra, por exemplo, foi proibido fumar em *pubs*, algo que, teoricamente, feria uma prática folclórica dos ingleses.

Uma segunda tendência é a prática de exercício físico. Apenas relacionados à corrida de rua, os números são bastante animadores. Segundo estatísticas do Running USA (2010), o número de participantes de corridas de rua tem crescido de forma bastante "acelerada". Em 1999, o número de pessoas que terminaram uma competição de corrida nos Estados Unidos foi cerca de 7 milhões. Já em 2009, o número aproximou-se de 11 milhões. Considerando apenas maratonistas (pessoas que correm 43 km), entre 1980 e 2009 houve um aumento de mais de 300%, saltando de 143 mil pessoas que corriam para 467 mil.

Um passo a mais, além de não fumar e de praticar esportes como a corrida, é a alimentação saudável e balanceada.

Com isso, entramos no incrível crescimento do consumo de alimentos orgânicos.

Primeiramente, a agricultura orgânica prediz que todas as atividades e componentes da fazenda, como os cultivos, animais e o homem, são vistos de forma integrada, de modo a estabelecerem uma relação de interdependência. O impacto na biodiversidade e nos recursos naturais é o menor possível. Posição bem contrária à da agricultura comum, que é voltada para atender interesses mercadológicos específicos, além de, normalmente, não levar em conta os impactos ambientais e sufocar os pequenos negócios dos produtores familiares.

O movimento dos alimentos orgânicos começou como uma manifestação de oposição ao modo de produção industrial na década de 1960. Universitários americanos, inspirados no movimento agrário de trabalhadores rurais ingleses do século XV, criaram os Diggers e, através do teatro de rua e de boicotes a restaurantes e a produtos industrializados, fizeram emergir o orgânico. Vale lembrar que esse movimento fez parte de um contexto histórico da contracultura, que abarcava outras reivindicações de segmentos da sociedade civil, como o movimento negro, o ambientalista e o feminismo (COELHO, 2010).

Com o passar dos anos, os alimentos orgânicos se popularizaram e hoje movimentam mais de 30 bilhões de dólares por ano. Anualmente, o consumo, apenas nos Estados Unidos, cresce cerca de 14%. Hoje é o segmento que mais cresce na indústria alimentícia, e ocupa de 3% a 15% do mercado de países europeus, com potencial para se expandir de 15% a 25% no futuro (OTA, 2010).

Diversos outros dados têm mostrado uma importante tendência para o aumento desse consumo consciente ou verde. Publicações de livros, invenção de novas tecnologias, financiamentos para pesquisas na área estão cada vez mais presentes no cotidiano das pessoas. Mas é importante frisar que ainda não é um mercado completamente estruturado, visto que ainda existem flutuações que mostram certa volatilidade. Por exemplo, o mercado de produtos orgânicos apresentou uma grande queda com a crise econômica mundial – seu crescimento foi de apenas 5% em 2009 (OTA, 2010).

No entanto, há certo consenso entre especialistas de que o consumo verde será a grande saída para o problema da escassez de produção de comida e quantidade de terras aráveis. O que alguns pesquisadores dizem é que, a partir dos anos 1990, a sociedade começou a valorizar economicamente o conhecimento, em vez de apenas bens materiais. Com o passar do tempo, adicionando invenções de diversas tecnologias, principalmente relacionadas à internet, essa valorização criou uma vertente no consumo – chamado de consciente ou verde (BARROW-WILLIANS, 2010). A valorização do conhecimento criou um tipo de consumo direcionado à satisfação interna ou intelectual, e não apenas a um consumo físico medido pela quantidade. É interessante notar que o marco histórico dessa valorização econômica do conhecimento foi o começo da década de 1990, quando a General Motors, que era 60 vezes maior que a Microsoft, começou a valer menos. Isso aconteceu porque se especulava que o ativo da Microsoft – que era o conhecimento – valeria mais do que o ativo da GM – carros.

Por isso, embora sem ter suas raízes totalmente fixadas, a predominância de um consumo verde ou consciente parece ser quase certa em um futuro próximo. Muitos dados e estudos teóricos têm mostrado uma rápida mudança de identidade do consumidor. E, como estamos chegando cada vez mais próximo dos limites do uso da terra, ele tem crescido de forma acelerada. Assim, aqueles que já têm um modelo de negócio estruturado no consumo consciente serão os empreendedores de sucesso do futuro.

Capítulo 4

Água

A água

A água é simplesmente a junção de duas moléculas de hidrogênio e uma de oxigênio, mas, virtualmente, está presente em todos os acontecimentos biológicos. O metabolismo dos seres vivos só funciona com a presença de água. O oxigênio originado da fotossíntese é proveniente da água, e sua absorção nos pulmões apenas ocorre com presença de água. A circulação sanguínea somente é possível porque as substâncias estão diluídas em água. A digestão dos alimentos ocorre com o auxílio da água, e a sua excreção também. O sistema nervoso só funciona porque íons de potássio e cálcio estão diluídos em água. E a temperatura é estável no nosso corpo porque usamos as propriedades da água para regulá-la. Basicamente, ela está em tudo e em todos.

Ao mesmo tempo, nenhum organismo vivo é completamente impermeável, por isso, precisamos nos hidratar constantemente. Ainda que existam alguns seres vivos que não bebam água, eles apresentam adaptações para a sua manutenção. É o caso de ratos-canguru e camundongos de bolso do deserto do norte dos Estados Unidos, que retiram a água de sementes encontradas no ambiente (SCHMIDT-NIELSEN, 2002).

No entanto, a água na natureza não é pura, ela está sempre misturada a outras substâncias. Normalmente, essas substâncias são sódio, magnésio, cálcio, potássio, cloreto, sulfato e bicarbonato, chamados de sais da água. Dependendo da concentração de cada um desses sais, a água será classificada como doce ou salgada. Por exemplo, a quantidade média de sódio encontrada nos lagos da América do Norte é de 0,17 milimols por quilo de água (água doce). No mar, em geral, é de 640 milimols por quilo de água (água salgada) e no Mar Morto, em Israel, é de 1.955 milimols por quilo de água (água muito salgada) (SCHMIDT-NIELSEN, 2002).

De acordo com as concentrações desses sais e com o sistema fisiológico de cada organismo, a água será potável (poderá ser bebida sem causar danos à saúde) ou não (tóxica). No Mar Morto, por exemplo, as concentrações desses sais são tão altas que lá não existem animais ou plantas, apenas algumas microalgas – daí o nome Mar Morto.

A toxicidade de locais como esse deve-se ao fato de que a água sempre tende a se movimentar para regiões com maior salinidade, em um processo chamado de osmose. Ou seja, se um ser humano ingerir um gole de água do mar, ele terá maior salinidade do que o seu organismo e o sal puxará a água de dentro para fora das células, causando a desidratação. A cada 1 litro de água do mar que um ser humano beber, inevitavelmente, 1,5 litro de água será perdido. Basicamente, beber água do mar dá mais sede.

Para poder beber águas salinas, os animais que vivem nos oceanos apresentam adaptações. Alguns invertebrados, por exemplo, desenvolveram membranas seletivas que fazem uma regulação constante da concentração de sais no organismo. Já os tubarões e arraias adicionam ureia (composto semelhante a nossa urina) ao sangue para interromper o processo de osmose e contam com a ajuda da glândula retal. Os peixes eliminam o sal da água do mar pelas brânquias, e as tartarugas marinhas, incrivelmente, o fazem através do olho – elas apresentam a glândula de sal localizada na órbita ocular, que faz esse trabalho (POUGH et al., 2003).

Para os seres humanos e milhares de outras espécies, no entanto, essas adaptações não existem, e beber água do mar está fora de cogitação. Assim, mesmo vivendo em um planeta em que cerca de 70% da área é coberta por água, muito pouco é potável, pois 97,5% está nos oceanos cheia de sal e 2,493%, que não está cheia de sal, é de difícil acesso, ou seja, teoricamente, sobram apenas 0,007% da água do mundo para beber.

Distribuição da água

Os 0,007% da água que sobram para beber não estão distribuídos igualmente entre povos, etnias, países e regiões. Existe uma grande desigualdade entre o que cada população tem de água potável à sua disposição. O rio Amazonas, por exemplo, representa apenas 4% da superfície da Terra, mas drena quase 16% de toda a água potável do mundo. Em contraste, as zonas áridas e semiáridas cobrem cerca de 40% da superfície da Terra e drenam apenas 2% da água potável no mundo. Assim, diferentemente das questões econômicas, a América do Sul é uma região de ponta quando se refere à quantidade de água potável disponível. Na Ásia, por exemplo, a disponibilidade de água por pessoa a cada ano é de 5.100 $m^{3.}$ Na Europa, a disponibilidade é de 4.600 $m^{3.}$ Na África, é de 9.400 m^3. Nas Américas Central e do Norte, essa disponibilidade já é bem maior, 21.300 m^3, mas nada se compara com a América do Sul, em que chega a ser de 48.800 m^3 (CARMO, 2002). (Veja a Figura 2 do Anexo.)

No entanto, mesmo dentro da América do Sul, a distribuição também não é igual. Aproximadamente metade da água potável está no Brasil. E, dentro do Brasil, assim como a distribuição da renda, ela não é igual. A Bacia Amazônica armazena quase toda a água potável do país.

Ciclos hidrológicos

Para consumir a água, dependemos do ciclo hidrológico, que funciona mais ou menos assim: o sol fornece energia para elevar a água da superfície terrestre para a atmosfera, a qual pode ser proveniente dos mares (fonte principal), do solo ou das plantas. Na atmosfera, a água se condensa e cai. Se cair em áreas continentais, ela penetrará no solo. Parte pode ser drenada por grandes distâncias até encontrar um obstáculo e se acumular em camadas porosas subterrâneas chamadas de aquíferos, e o restante pode seguir seu caminho em direção aos riachos ou rios até atingir os oceanos. Se os poros do solo forem muito pequenos, a água também pode ficar retida. Vale lembrar que uma quantidade muito pequena de sal evapora junto com a água e o ciclo hidrológico não muda a salinidade dos ambientes.

A água que se infiltra no solo pode sofrer evaporação direta para a atmosfera ou ser absorvida pela vegetação. Nesse caso, essa água será usada no metabolismo da planta e como regulador de temperatura, sendo transpirada para a atmosfera. Na atmosfera, ela irá se precipitar, dando sequência ao ciclo hidrológico.

Impactos ambientais que afetam etapas desse ciclo modificam a qualidade e a quantidade de água em cada fase. E, a cada modificação, reduzem-se os já poucos 0,007% de água que os seres humanos e milhares de outras espécies podem beber.

Impactos ambientais na água

Chuva ácida

A chuva ácida é um impacto ambiental bastante comentado, no entanto, isso se deve muito mais à dramaticidade do seu nome do que à sua real periculosidade, pois a sua acidez é, em média, a mesma que a de um suco de laranja (pH ~ 4,5). Assim, não é preciso entrar em pânico ao esquecer o guarda-chuva no ponto de ônibus em um dia de chuva ácida.

Outras espécies, no entanto, podem sofrer severos impactos em razão da chuva ácida. Assim como o grau de salinidade, a acidez da chuva faz mal para alguns organismos e para outros não. Organismos mais sensíveis e frágeis a mudanças ambientais podem sofrer muito com uma chuva um pouco mais ácida que o normal, e, como nenhuma espécie vive sozinha, todo o hábitat pode ser prejudicado.

Os peixes, por exemplo, são bem sensíveis à maior acidez dos rios e lagos. Com pH inferior a 4,5, praticamente nenhum peixe sobrevive. A presença de elevada acidez na água inibe a produção de algumas enzimas, fazendo com que as larvas da maior parte das espécies de peixes de água doce morram (SCHINDLER, 1988). Essa mesma acidez inibe o crescimento de fitoplâncton, levando a restrições que afetam toda a cadeia trófica. Anfíbios também são sensíveis à maior acidez, e já foram diagnosticados locais em que diversas espécies de anfíbios foram extintas, sobretudo em razão da chuva ácida (PECHMANN; WAKE, 2006).

Sobre as florestas, esse tipo de chuva tem um efeito "homeopático", uma vez que não mata as árvores diretamente. A alta acidez afeta a retenção de nutrientes das folhas, o que, em longo prazo, pode ocasionar problemas. Árvores localizadas onde há grande incidência de chuva ácida, por exemplo, perdem as folhas antes do período previsto. Florestas em regiões mais altas sofrem maior impacto com chuva ácida. Nesses locais, é constante a presença de neblinas, e a "neblina ácida" coloca as folhas em contato prolongado com a acidez.

A chuva ácida também afeta as construções humanas. Estátuas de metal podem sofrer corrosão e esculturas e prédios se deterioram. Segundo a Agência de Proteção Ambiental dos Estados Unidos, o custo de mitigação do impacto da chuva ácida em construções humanas é de 61 milhões de dólares por ano (NAPAP, 2010).

Como já foi dito, apenas por ser ácida, essa chuva não faz mal à saúde humana, pois não afeta nosso metabolismo. Contudo, outros poluentes, como resíduos de metais tóxicos como chumbo, zinco, manganês, arsênio, vanádio, antimônio, selênio e cromo, também podem estar presentes na chuva ácida, e esses, sim, podem causar sérios danos. Muitos estudos científicos têm identificado relação entre a elevada quantidade dessas partículas e o aumento de doenças do coração e pulmonares, como asma e bronquite.

Portanto, a acidez um pouco mais elevada da chuva não nos prejudica diretamente, porém, outras espécies mais sensíveis são diretamente prejudicadas.

ESTUDO DE CASO (DRENT; WOLDENDORP, 1989)

Efeito cascata da chuva ácida

Entre 1983 e 1988, na Holanda, alguns cientistas perceberam que diversos pássaros que nidificavam no chão estavam produzindo ovos com a casca fina e porosa, o que afetava drasticamente a sobrevivência dos filhotes. No entanto, durante as investigações, não foi encontrada nenhuma evidência de problemas fisiológicos.

Os cientistas, então, resolveram verificar o suprimento de cálcio disponível no local, pois ele é ingrediente fundamental para a formação de cascas resistentes nos ovos. Foi quando perceberam que os caramujos, mais importante fonte de cálcio para aqueles pássaros, haviam praticamente desaparecido das florestas. Sem caramujos para comer, os pássaros passaram a se alimentar de sobras de alimentos de galinhas e de outros animais domésticos que, por azar, não eram ricos em cálcio. Com o seguimento dos estudos, a morte dos caramujos foi atribuída à ocorrência de chuva ácida na região. Ou seja, a maior acidez das chuvas não prejudicou os pássaros diretamente, mas espécies mais sensíveis das quais eles dependiam, prejudicando-os posteriormente. Um interessante exemplo de como na natureza todos os fenômenos são intimamente conectados.

Desde quando a chuva é ácida e até quando vai ser?

A chuva ácida foi discutida primeiramente por Robert Angus Smith, em um livro do século XIX (1872) chamado de *Ar e chuva*. Por meio de medições feitas em diversos países da Europa sobre os compostos atmosféricos e a qualidade da água da chuva, ele conseguiu relacionar a poluição local com a alta acidez das chuvas na região (SCHINDLER, 1988). O livro foi um grande marco, pois provou que apenas poucos anos após o início da Revolução Industrial já eram sentidas mudanças ambientais nessas regiões.

Com o seguimento dos estudos, verificou-se que os principais causadores do aumento da acidez seriam o dióxido de enxofre e o óxido de nitrogênio, provenientes da queima de combustíveis fósseis. Com as evidências dos danos ambientais e das causas da chuva ácida, algumas atitudes começaram a ser tomadas.

No começo da década de 1980, o Congresso americano criou o Clean Air Act e liberou 570 milhões de dólares para estudar meios de reduzir a chuva ácida. Com a utilização de filtros em fábricas e nos carros, foi possível reduzir em 71% a concentração de dióxido de enxofre na atmosfera entre os anos de 1980 e 2008 nos Estados Unidos (NAPAP, 2010).

No ano de 2007, a China, o segundo país mais poluidor do planeta, atrás apenas dos Estados Unidos, também iniciou planos para reduzir a emissão de dióxido de enxofre. A ideia é reduzir 62% da emissão, passando de 13 milhões de toneladas por ano para 5,02 milhões.

O número de países que adotaram políticas para reduzir a quantidade de chuva ácida tem aumentado. Mesmo entre países em desenvolvimento – como a China – já existem políticas públicas relacionadas à redução. E, com o aumento do conhecimento, o domínio de novas tecnologias e o aumento da pressão por modelos mais sustentáveis de desenvolvimento, esse número tende a aumentar. Relatórios de sustentabilidade, por exemplo, já enfatizam indicadores que mostram essa redução.

A falta de saneamento básico e água contaminada

ESTUDO DE CASO (Snow, 1990)

Descobertas, crenças, cólera e o Dr. Snow

John Snow, nascido na Inglaterra em 1813, estudou medicina e, ainda na juventude, tornou-se um grande adepto de uma vida saudável. Praticava exercícios regularmente, tinha hábitos vegetarianos e engajou-se na causa da abstinência alcoólica. As suas opiniões sobre a ingestão de álcool eram tão fortes que ele não somente juntou-se às fileiras de pregadores da abstinência alcoólica total, como também tornou-se um poderoso defensor e divulgador dos seus princípios. No entanto, no fim da vida, já famoso e sendo considerado um dos grandes gênios da ciência – principalmente da medicina –, dava-se ao luxo de burlar os seus princípios e beber alguns copos de vinho.

As recaídas aos prazeres do vinho do Dr. John Snow não estão relacionadas com as suas descobertas e muito menos com o uso da água. Ela só foi citada neste texto para dizer que todos, grandes gênios ou não, também podem, pontualmente, mudar suas escolhas. Muitas vezes, as escolhas que fazemos para nossa vida podem, por uma combinação de fatores, ser momentaneamente mudadas, e, se ainda seguirmos uma ética nessas novas escolhas, não será algo que irá denegrir a personalidade. Como o Dr. Snow, que, após descobrir que o cólera era transmitido pela água em um período histórico em que a maioria dos cientistas acreditava que as doenças estavam relacionadas à má qualidade do ar, conseguindo interromper uma epidemia que já havia matado, apenas no ano de 1854, mais de 5 mil pessoas na cidade de Londres, comemorou com um copo de vinho, apesar de ser contra tal tipo de festividade.

O cólera é uma grave doença causada por uma bactéria que, quando ingerida, se multiplica rapidamente no intestino humano, produzindo uma potente toxina que provoca diarreia intensa. Se não tratada, ela pode causar a morte, e como é uma doença característica de locais pobres e sem assistência médica, é o que normalmente acontece.

Existem registros de cólera desde 1769, quando ele foi detectado na Índia. A partir do começo do século XIX, os registros começaram a aparecer em outras partes da Ásia, e, em 1848, foi registrado o primeiro caso de cólera em Londres. Desde o surgimento da doença na Inglaterra, John Snow procurou entender o contexto dos locais em que ela ocorria.

Como uma primeira evidência, notou que o cólera era transmitido entre pessoas próximas e, principalmente, para aquelas pessoas que estavam cuidando de enfermos. Também verificou que, pela presença de forte diarreia nos doentes, os lençóis das camas poderiam conter material contaminante, pois também notou uma relação entre as pessoas que trocavam a roupa de cama de enfermos e posterior contaminação por cólera. Com algumas outras evidências, concluiu que o ciclo de contaminação do cólera era: a diarreia do paciente, o contato desse material com outra pessoa e a ingestão ocasional desse material.

Quando os primeiros casos de morte decorrentes do cólera começaram a acontecer em Londres, em 1854, John Snow foi verificar as casas em que as pessoas haviam morrido. No entanto, o cenário encontrado era um pouco diferente daquilo que ele havia estudado até aquele momento, pois pessoas que não tinham tido contato direto haviam morrido em um mesmo intervalo de tempo.

A epidemia em Londres estava no seu auge quando Dr. Snow percebeu que os casos de cólera aconteciam em regiões específicas, e o que os unia era a utilização de algumas bombas de abastecimento de água. Verificando localmente essas bombas, notou que o esgoto estava sendo misturado à água potável. Ou seja, os dejetos de uma pessoa com cólera eram depositados no esgoto da cidade e, em alguns locais, esse esgoto era misturado com água potável e as pessoas que bebiam dessa água eram contaminadas por cólera. Comparando em um mapa da cidade os casos de cólera e os locais das bombas de água, Dr. Snow pôde comprovar claramente a sua suspeita. Ali estava feita a primeira análise preventiva e a comprovação de que muitas doenças eram transmitidas por agentes patogênicos como vírus, bactérias, fungos etc. Uma descoberta que revolucionou toda a medicina moderna, assim como chamou a atenção para a contaminação de água potável por dejetos humanos.

O que mudou depois de mais de 150 anos após as descobertas do Dr. Snow?

Com as descobertas sobre o cólera, muitos outros estudos começaram a relacionar água contaminada por dejetos humanos com diversas doenças. Estudos e teorias sobre saneamento básico expandiram-se nesse período. Atualmente, dezenas de jornais científicos publicam mensalmente novas descobertas na área. Existem cursos superiores destinados a formar profissionais voltados para a solução desses problemas, além de diversas pós-graduações focadas em abordagens mais específicas dentro da ideia de saneamento básico.

No entanto, ainda estamos muito distantes de um ponto ideal. Lançado no começo de 2010, o relatório "Progress on sanitation and drinking-water", da World Health Organization (WHO), mostra um cenário ainda bastante crítico.

Segundo o relatório, todos os dias são despejadas cerca de 2 mil toneladas de dejetos humanos nos cursos de água potável. Atualmente, 17% da população mundial (cerca de 1,1 bilhão de pessoas) faz suas necessidades em áreas abertas. Essa porcentagem é uma média mundial. Se observarmos regiões mais pobres e rurais como o sul da Ásia, essa proporção pode chegar a 44%.

Atualmente, mais de 2,6 bilhões de pessoas não têm acesso a água limpa para viver em condições sanitárias consideradas razoáveis pelos órgãos de saúde. Quando se considera localmente as regiões, a situação fica mais drástica, uma vez que há uma enorme disparidade entre países desenvolvidos e subdesenvolvidos. Entre os países da região subsaariana da África, por exemplo, apenas 31% da população tem acesso a água tratada.

Hoje, a falta de saneamento básico produz mais enfermos que a aids, a tuberculose e a malária juntas. Anualmente cerca de 2,2 milhões de crianças entre 0 e 14 anos morrem todos os anos em razão de diarreia – a principal consequência da falta de saneamento.

O cenário mundial, nesse aspecto, é mais bem entendido dividindo-se a população entre rural e urbana. As realidades entre as duas categorias são completamente diferentes. Para se ter uma ideia, 7 em cada 10 pessoas sem condições mínimas adequadas de saneamento vivem na zona rural. Em 2008, era 1,856 bilhão de pessoas vivendo na zona rural e 794 milhões vivendo na zona urbana sem as condições sanitárias adequadas. E a situação para os moradores da zona rural não é confortável, pois as melhoras tendem a ocorrer principalmente na zona urbana. Entre o 1,3 bilhão de pessoas que passaram a ter condições sanitárias mínimas entre 1990-2008, 64% eram da zona urbana. Se compararmos a porcentagem de pessoas que têm acesso a água tratada, esse quadro é semelhante, uma vez que na zona urbana 94% têm acesso a água tratada. Já na zona rural, esse valor cai para 76%. Existem lugares nos quais essas porcentagens são mais acentuadas. Na Oceania, por exemplo, 92% da população urbana tem água tratada, enquanto na população rural esse valor cai para 37%. Na África Subsaariana esses valores são de 83% e 47%, respectivamente.

Nas últimas décadas, esse cenário tem melhorado. O desenvolvimento de algumas economias e o consequente aumento da urbanização têm trazido condições mínimas de saneamento básico e água tratada. Na China, a porcentagem de pessoas que tem acesso a água tratada passou de 67% em 1990 para 89% em 2008. Na Índia, esse número passou de 72% para 88% no mesmo período. Ou seja, apenas nesses dois países, 846 milhões de pessoas passaram a ter acesso à água tratada.

Mas ainda estamos longe de chegar a uma meta ideal. Até 2015, a perspectiva é de que a porcentagem de pessoas sem saneamento baixe apenas 1%. Assim, contando com o aumento populacional, serão 2,7 bilhões de pessoas, 1 milhão a mais do que o atual número, sem essas condições mínimas.

Ao contrário do que mostram essas realidades, as leis de direitos humanos acompanharam o desenvolvimento da ciência humana. Hoje, ter acesso a água potável e viver em condições mínimas de saneamento constituem um direito de todo ser humano. Teorias e direitos temos bastante, o que falta agora são mais ações práticas. Disponibilizar o que se tem estudado e encontrado nas universidades para toda a população.

Vale a pena investir em saneamento básico?

A falta de investimento na área de saneamento básico e água tratada é, muitas vezes, justificada pelo alto custo das obras. E, em muitos casos, é caro mesmo. Por exemplo, uma estação para tratar água de 100 mil pessoas custa cerca de US$ 1 milhão. No entanto, uma vez instalada, o Estado passa a gastar menos em diversas áreas, principalmente na área de saúde. A lógica é simples: água mais limpa, menos doença, menos gastos com consultas, remédios e hospitalização. Um segundo relatório da WHO, também de 2010, intitulado "Water global annual assessment of sanitation and drinking-water", mostrou que a cada US$ 1 investido em saneamento básico e tratamento de água, o Estado tem uma economia de US$ 3 a US$ 34. E, além de melhorar a saúde local, também aumenta o número de dias em que as crianças e adolescentes vão à escola, a quantidade de horas trabalhadas e a qualidade do serviço.

Assim, tratar a água para evitar doenças ou permitir um bem-estar mínimo para a população é, além de importante, economicamente interessante. Embora, em um primeiro momento, seja necessário um investimento alto, a economia com outros gastos é certa. É a sustentabilidade contemplada nos seus três pilares: aumento na qualidade de vida da população, melhora na qualidade da água acompanhada de benefícios econômicos.

A água utilizada pela indústria

Praticamente toda indústria precisa de água. Há aquelas que usam água para aquecimento dos motores e outras que a utilizam para resfriamento; existem as que a utilizam para a própria produção da matéria-prima e outras, para limpar a matéria-prima, além daquelas que a utilizam para tudo isso.

A água empregada na indústria é proveniente basicamente de fontes naturais limpas, como rios, aquíferos e lagos. Segundo maior consumidor, a indústria utiliza cerca de 22% de toda a água retirada da natureza no mundo, ficando apenas atrás da agricultura, que utiliza cerca de 70% (WWAP, 2006). E, quando se observam apenas os países desenvolvidos, ela ultrapassa a agricultura e consome cerca de 59%. Mas por que utilizar água limpa se são apenas máquinas e não sofrem de desidratação, cólera ou qualquer tipo de complicação característica de seres vivos? A resposta é: motores também são sensíveis.

Quando se utiliza água do mar, por exemplo, em pouco tempo as engrenagens começam a ser corroídas. Ou ainda, alguns produtos são apenas produzidos com água extremamente pura, e, além disso, lavar o chão com água contaminada por esgoto certamente não está entre as ações mais recomendáveis. Enfim, a indústria utiliza água limpa e em grande quantidade, no entanto, o problema mais grave não é a água que entra, mas a que sai.

Entre todas as utilizações que a água pode ter em uma indústria, a mais comum é para resfriar as máquinas. Como algumas atividades são realizadas em temperaturas elevadíssimas, a água tem a importante função de não permitir que as engrenagens derretam. Uma vez usada, essa água é devolvida para a natureza, e aí acontece um grande problema ambiental. O problema dessa atividade é o mesmo do qual reclamavam meus avós: quando um esquenta, o outro esfria. Ou seja, para os motores esfriarem, a água deverá esquentar.

A água em temperaturas mais elevadas pode ser boa ou ruim. Se é para tomar um banho após uma chuva torrencial que molhou até as roupas de baixo, é boa, mas se é para tentar capturar o oxigênio dissolvido nela, é ruim. Aqui vale citar uma das mais importantes dicas para se preparar um bom café, dada pela Associação Brasileira da Indústria do Café (ABIC): "A água utilizada deve ser apenas aquecida – não pode ferver, pois a perda de oxigênio altera a acidez do café. A temperatura ideal de preparo é próxima dos 90ºC". O que a ABIC está tentando dizer é que aquelas bolhas que sinalizam que a água está fervida são moléculas de oxigênio se desprendendo. Quanto mais quente a água, menos oxigênio ela terá. Para o café, essa falta de oxigênio é ruim, pois altera a acidez. Para os seres vivos também, porque muitos dependem do oxigênio da água para respirar.

Por isso, quando a água quente de uma indústria retorna para o rio ou lago, ela será muito pobre em oxigênio, e, se em grande quantidade, irá aumentar a temperatura daquela região, o que fará com que parte do oxigênio local também se desprenda. Sem oxigênio, milhares de organismos morrem por asfixia.

Muitas indústrias, no entanto, não apenas esquentam a água, mas também a devolvem cheia de resíduo. Um dos resíduos mais depositados é o lixo orgânico, que basicamente é tudo aquilo que pode ser decomposto. A deposição de resíduo orgânico nos rios e lagos causa um problema semelhante ao do aumento da temperatura. No final, os organismos vivos presentes na água também irão morrer de asfixia. No entanto, ela ocorre por uma via diferente. A grande entrada de nutrientes leva a uma alta produtividade de fitoplânctons ou algas, os quais, para sobreviver, consomem o oxigênio da água. Esse fato bastante comum é chamado de eutrofização. Quando um lago ou rio está cheio de plantas aquáticas em sua superfície, provavelmente, trata-se desse processo. Por isso, nessa situação, o correto não é eliminar as plantas aquáticas para limpar o rio, mas impedir que se despeje material orgânico.

A indústria alimentícia é a maior responsável pelo despejo de resíduo orgânico no ambiente. De todo o material orgânico depositado, ela é responsável por 46,8%.

Diversos outros tipos de contaminantes podem ser encontrados em rios e lagos, em decorrência do despejo incorreto de resíduos. Quanto maior a diversidade de empresas, maior será a diversidade de resíduos encontrados. Atualmente, são depositados entre 300 e 500 milhões de toneladas de metais pesados, solventes e compostos tóxicos todos os anos (CORCORAN et al., 2010). Por exemplo, é comum áreas próximas a matadouros estarem contaminadas por patógenos, antibióticos e hormônios. O sangue despejado adentra os rios e pode impactar toda a região. Muitas vezes, esses hormônios podem causar sérios problemas à saúde da população local e até chegar a regiões distantes, como regiões compradoras de peixes.

Outro exemplo é a deposição de mercúrio. Embora proibido, ele é usado principalmente para a obtenção de ouro. O problema é que, após descartado em rios ou lagos, organismos da fauna local podem ficar contaminados e, se forem utilizados como alimento, passarão a contaminação para outros organismos. É comum, em regiões com exploração de ouro, a população local sofrer por intoxicação de mercúrio.

Além de contaminar rios e lagos, a deposição indevida de água não tratada pode contaminar águas subterrâneas. Aquíferos, por exemplo, podem ser contaminados facilmente se forem despejadas águas contaminadas em regiões de recargas.

A quantidade de resíduos depositados no ambiente depende principalmente de mecanismos legais de regulação. A presença de um Estado forte e regulador inibe a deposição indevida de materiais. Por exemplo, em países não desenvolvidos, chega a 70% a quantidade de água devolvida sem tratamento aos rios e lagos. Um dos motivos dessa alta porcentagem é que nesses países há maior flexibilidade das questões legais, razão pela qual é comum a migração de empresas poluidoras para essas áreas. No intuito de aumentar o crescimento econômico, muitos incentivos são dados para a instalação dessas empresas, entre os quais normalmente encontra-se a baixa exigência de tratamento de resíduos.

Esse quadro fica claro quando se compara o gasto das indústrias para a obtenção de água e seu respectivo tratamento. Em um país desenvolvido, como Dinamarca ou Suécia, o gasto das indústrias em média por metro cúbico de água é de US$ 100,00. O gasto por essa mesma quantidade de água em um país subdesenvolvido fica em torno de US$ 0,10 (CORCORAN et al., 2010). Atualmente, existem instrumentos de pressão para que haja diminuição da deposição de resíduos nos rios e lagos. Imposições do comércio internacional pela melhoria da competitividade, assim como as questões ambientais e as recentes condicionantes legais de gestão de recursos hídricos, têm introduzido algumas obrigações para as indústrias, embora ainda existam muitos locais com baixa regulação.

A utilização da água pela indústria tende a aumentar. O crescimento econômico de países emergentes e a rápida urbanização direcionam o mundo para uma utilização maior da água pela indústria. Entre a quantidade usada em 1995 e a expectativa para 2025, estima-se um salto de mais de 150% nessa quantidade, passando de 752 km^3/ano para 1.170 km^3/ano (WWAP, 2010). (Veja a Figura 3 do Anexo.)

Por isso, há um grande alerta para as indústrias, pois elas, assim como os seres vivos, não "sobrevivem" sem água limpa, sendo necessário ter zelo com o seu uso – quanto mais escassa for a água, menos elas poderão ser sustentadas. Vale aqui uma pressão por parte de consumidores, de algumas fontes reguladoras e das próprias indústrias para assegurar o uso consciente da água.

O uso da água pela agricultura

A agricultura é o principal fator de mudança na quantidade de água potável no mundo. Entre as diversas maneiras pelas quais ela pode modificar essa quantidade, duas são mais visíveis e importantes: de forma indireta, através da mudança de permeabilidade, e de forma direta, através da irrigação.

Permeabilidade do solo

Basicamente, a transformação de uma área que era florestada para uma área agrícola muda a permeabilidade do solo e a sua capacidade de reter água. Assim, a quantidade de água que seria drenada para rios, lagos ou aquíferos é reduzida.

ESTUDO DE CASO (GALDINO et al., 2006)

A tragédia do Rio Taquari

Há cerca de 500 mil anos, as chuvas eram muito mais fortes. Realmente muito mais fortes. Chuvas torrenciais caracterizavam o clima mundial. Alguns pesquisadores dizem que apenas conseguimos desenvolver grandes sociedades baseadas em sistemas agrícolas e pastoris porque as chuvas e outras mudanças climáticas foram suavizadas. Esse período de intensas chuvas foi chamado Pleistoceno (que vai de 1,5 milhão de anos atrás até 11 mil anos atrás); hoje, estamos no período chamado de Holoceno, que é bem mais tranquilo.

Durante o Pleistoceno, quando chovia na região entre o sul do estado do Mato Grosso e o norte do Mato Grosso do Sul (que, na época, ainda não eram divididos e muito menos tinham esses nomes), grande parte do solo, basicamente areia, era levado e, através de um rio chamado Taquari, escorria para o Pantanal – uma região mais baixa e plana. Com a combinação de chuvas intensas e milhares de anos, essa areia virou uma grande montanha – hoje chamada de leque aluvial do Rio Taquari. Embora não perceptível a olho nu, em alguns pontos ele chega a ter mais de 200 metros de altura.

Mas o Pleistoceno passou, assim como as chuvas torrenciais. As areias daquela região começaram a descer bem mais devagar e o leque aluvial do Rio Taquari praticamente parou de crescer. Diante dessa situação mais amena, toda a biodiversidade foi remodelada.

No entanto, há vinte ou trinta anos, a região sul do estado do Mato Grosso e norte do Mato Grosso do Sul, que era floresta, começou a ser transformada em área agrícola para produção de soja. Com essa transformação, a permeabilidade do solo ficou bem menor e as chuvas, que não são mais torrenciais, começaram a carregar novamente milhares de toneladas de areia para o Pantanal. Com isso, o Rio Taquari ficou cheio (assoreou), causando a inundação permanente de uma região gigantesca. Aquela biodiversidade que foi remodelada com o fim do Pleistoceno praticamente desapareceu, assim como centenas de fazendas que eram usadas como pasto. Cerca de 11 mil km^2 foram inundados, divididos em mais de 300 fazendas. E hoje, por incrível que pareça, algumas ex-fazendas de gado inundadas estão tentando mudar o seu modelo de negócios para turismo de mergulho.

O assoreamento do Rio Taquari aconteceu em escala astronômica. É fácil verificar a região assoreada por imagens de satélite. E, embora haja um projeto para destinar R$ 5 milhões para consertar os estragos, ainda há um longo caminho, pois a região apenas irá ser recuperada quando a permeabilidade do solo na região desmatada voltar a ser como era.

O exemplo do Rio Taquari, embora drástico, é apenas mais um caso de mudança de permeabilidade do solo e consequente mudança do ciclo da água. Vale lembrar que mais de 40% da Terra já foi transformada em algo diferente do original e, consequentemente, transformou-se a permeabilidade do solo.

Irrigação

O segundo problema da agricultura é a utilização da água para a irrigação. A irrigação é basicamente o desvio de água de rios, lagos ou aquíferos para suprir a necessidade hídrica de uma plantação. Ela pode ser pequena, com pequenos diques dividindo manchas de áreas agrícolas, ou muito grande, com canais de dezenas de quilômetros.

A irrigação, quase sempre, é muito importante. Como a agricultura é uma substituição da biodiversidade que estava presente por apenas uma ou algumas espécies de plantas, muitas vezes, as características locais, como abundância de água, de nutriente etc., não são as mais adequadas para aquele novo cenário. Por exemplo, a quantidade de água que era suficiente para a floresta que existia, com a transformação do local para uma área agrícola, já não é mais, portanto, a plantação só terá produtividade com um complemento de água.

A irrigação é utilizada desde o começo da civilização. Complexos sistemas hidrológicos direcionavam água dos rios Tigre, Eufrates e Nilo no Crescente Fértil. Pode-se até dizer que um dos grandes fatores que impulsionaram a civilização egípcia foi a competência de manejar as água do Rio Nilo para a agricultura. A China antiga, no sistema agrícola *feng shui* (vento e água), conseguia regular o nível da água e produzir toneladas de arroz, principal alimento consumido, para uma população já grande (SUTTON; ANDERSON, 2004), um sistema que até hoje é utilizado em parte da região sul do país. Os maias conseguiam captar água das florestas equatoriais da América Central para agricultura intensiva sem impactar as florestas. E os incas criaram um sistema de irrigação nas cordilheiras dos Andes que até hoje atrai milhares de turistas, pois praticamente desafia a lei da gravidade. Por isso, pode-se dizer que a irrigação foi importantíssima para o desenvolvimento das civilizações, pois possibilitou o aumento da produção agrícola e das populações.

Atualmente, 20% das plantações do mundo são irrigadas. Parece pouco? Não é. Esse volume já representa cerca de 70% de toda a água doce que é utilizada no mundo e, considerando apenas os países em desenvolvimento, pode chegar a 90% (WWAP, 2006). É muita água sendo desviada do seu curso natural, e o Mar de Aral sabe bem disso.

ESTUDO DE CASO
(GROOM, VYNNE, 2006; WWAP, 2009)
O triste fim do "Mar" de Aral

O Mar de Aral tem dois problemas, e o primeiro é uma questão de identidade. Apesar do nome, ele não é um mar, mas sim um lago – grande, mas continua sendo um lago. Essa falta de sensibilidade por parte dos seus nomeadores aconteceu porque no passado ele conectava o Mar Cáspio e o Mar Negro e, embora essas conexões tivessem sido fechadas há milhões de anos, as suas águas ainda são mais salgadas que as de lagos normais, por isso o nome.

O segundo problema do Mar de Aral é um pouco mais sério, pois não pode ser resolvido com alguns anos de terapia. Poucos anos após o fim da Primeira Guerra Mundial, em 1950, o governo da União Soviética precisava aumentar a produção para suprir a falta de comida das populações locais, além de ter grandes perspectivas para produzir algodão em larga escala, chamado na época de "ouro branco". Para a efetivação desses planos, era necessária uma intensa irrigação, por tratar-se de uma região bastante seca.

No início, a irrigação do Mar de Aral consumia aproximadamente 20 km^3 de água do lago por ano, não muito, quando comparado ao volume inicial do lago (1.110 km^3) e o escoamento dos seus afluentes (56 km^3). Nessa época, valeria o termo "retirada sustentável", mas apenas nessa época, porque depois a coisa foi para o brejo (ou, melhor dizendo, a falta dele!). Já na década de 1960, grande parte do fluxo da água que abastecia o Mar Aral tinha sido desviado e o lago começou a perder tamanho. Entre 1961 e 1970, ele abaixou 20 centímetros ao ano.

Depois de 1970, a situação piorou e as águas chegaram a baixar cerca de 70 centímetros por ano. Em 1987, a redução contínua levou ao aparecimento de grandes bancos de areia, causando a separação de duas massas de água. Formou-se o Aral do Norte (menor) e o Aral do Sul (maior). E, embora tenha sido construído um canal para ligar as duas partes, em 1999 a conexão foi perdida devido à queda acentuada das águas.

Hoje, o Mar de Aral já reduziu 60% de sua superfície e cerca de 80% do seu volume original. Para se ter uma ideia, em 1960, o Mar de Aral era o quarto maior lago do mundo, com aproximadamente 68 mil km², e, em 1998, caiu para o oitavo, com, aproximadamente, 28.687 km². Nem as previsões catastróficas conseguiram ser tão catastróficas quanto a realidade, pois em 2003 ele estava 3,5 metros mais baixo que as previsões feitas na década de 1990. Atualmente, estima-se que, nos próximos quinze anos, o Mar de Aral do Sul deva desaparecer e o Mar de Aral do Norte deve chegar a uma situação precária.

O problema do Mar de Aral não está apenas relacionado com a quantidade de água. Com a perda de abastecimento dos seus afluentes e a evaporação do lago, a salinidade elevou-se – atualmente, estima-se que seja, em média, de 35%. Ou seja, praticamente nada sobrevive lá. Com isso, a indústria pesqueira, que chegou a produzir um sexto de todo o pescado consumido na União Soviética e empregar mais de 40 mil pessoas, faliu. E hoje é possível encontrar vastos cemitérios de barcos que ficaram encalhados em virtude do processo de escoamento do lago.

Com uma vasta região seca, tempestades de ventos secos começaram a se formar. A saúde da população, que já era precária com a falta de água potável, piorou. Hoje, há alta incidência de câncer e doenças pulmonares. Há relatos de que os invernos e os verões são bem mais intensos, caracterizando uma mudança climática local.

Pode-se dizer que o sistema ecológico do Mar de Aral praticamente entrou em colapso. As características biológicas atuais são muito diferentes das de sessenta anos atrás, sendo considerado pelo secretário-geral da ONU, Ban Ki-moon, o pior desastre ambiental do mundo.

Mas nem tudo vai mal naquela região. A produção de algodão, por exemplo, triplicou entre 1960 e 2000, e o Uzbequistão (país vizinho do Cazaquistão) tornou-se o terceiro maior produtor de algodão do mundo.

Outros "mares de Aral"

Não apenas o Mar de Aral apresenta péssimas perspectivas, pois, durante os últimos cem anos, grande parte dos rios e lagos já foram modificados em razão da irrigação intensiva. Segundo um levantamento sobre ecossistemas aquáticos coordenado pela pesquisadora Carmem Revenga no ano 2000, em 1900 eram retirados cerca de 578 km^3/ano de água de rios e lagos, e, no final de década de 1990, esse número passou para 3.800 km^3/ano. Atualmente, estima-se que é retirada uma quantidade de água semelhante a todo o volume do Lago Michigan (maior lago doce dos Estados Unidos) por ano (4.918 km^3).

Aquíferos também têm sido intensamente modificados. O caso do esgotamento do aquífero de Ogallala é o mais atual e simbólico, pois suas águas foram fundamentais para impulsionar a economia agrícola norte-americana no começo do século. No entanto, como foi usado de forma insustentável, estima-se que, em cerca de 25 anos, ele poderá se esgotar (PETERSON et al., 2003). Em outros países, o cenário é o mesmo, e, apenas na Índia, mais de 50% da água usada na irrigação vem de aquíferos.

Há muito o que discutir sobre a água utilizada para a irrigação. Casos de aquíferos, lagos ou rios esgotados pela alta retirada são cada vez mais comuns. O relatório WWAP 2009 – World Water Development Report, case study – dá uma boa amostra disso. Ele dá exemplos de uso intensivo de água em todos os continentes. Mas, diante da necessidade do aumento da produção agrícola e da falta de conexão entre as características locais, principalmente relacionadas à água, e o que se pretende produzir, catalogar todos os casos é cada vez mais um trabalho sem fim. A conclusão dessa história é simplesmente assumir, por um lado, que a irrigação é muito importante para a agricultura, sem esquecer, por outro, que a água é um bem finito, que, se não usada de modo sustentável – retirada em proporções equivalentes à taxa de reposição –, irá acabar.

Soluções para o uso da água

A água continuará sendo a simples combinação entre duas moléculas de hidrogênio com uma de oxigênio, e todos os seres vivos continuarão dependentes dela para sobreviver. Para os seres humanos e milhares de outras espécies, o problema é que não apresentam adaptações fisiológicas para o consumo de uma água muito salgada ou poluída, e apenas 0,007% da água foge a essa regra. Por isso, quanto mais água potável desperdiçarmos, menos poderemos beber e mais espécies serão extintas. O mesmo vale para centenas de indústrias que estão baseadas em processos que dependem de água pura. Em uma visão mais mercadológica, também podemos dizer que quanto mais escasso esse recurso, mais caro irá ficar. Por isso, a solução para o uso da água ultrapassa a questão ambiental e envolve questões sociais e econômicas – o tripé da sustentabilidade.

Ambiental

Como todos os seres vivos precisam de água para sobreviver, qualquer impacto ambiental nesse recurso afeta diretamente a biodiversidade. No caso do Mar de Aral, por exemplo, como a quantidade de água foi reduzida, a salinidade aumentou e, consequentemente, muitas das espécies foram extintas. E nem precisamos ir até lá para conferir, basta observar que a indústria pesqueira local faliu por falta de peixes no lago. Um exemplo comum de impacto na biodiversidade está na poluição de rios e lagos por esgoto ou resíduos de indústrias. São recorrentes as fotos mostrando um rio com uma camada de peixes e diversos outros animais mortos em razão da poluição.

Contudo, não apenas grandes impactos afetam a biodiversidade; mesmo os 11,5 litros de água que economizamos fechando a torneira enquanto escovamos os dentes são importantes, pois o desperdício de um sempre será sentido em algum lugar por outro. Para um ser humano, por exemplo, que precisa de cerca de 1,5 litro de água por dia, aquele número equivale a oito dias a menos de consumo.

Somado à questão prática de conservação, o fato de fechar a torneira ultrapassa o grau da individualidade. Embora façamos escolhas pessoais, nossa personalidade é fruto da concretude da vida social e de um processo histórico (LOUREIRO, 2009). Por isso, as ações que adotamos em casa podem tornar-se um ato de reflexão dentro da rede social e ter um efeito replicador. Juntos, atos isolados podem tornar-se importantes movimentos sociais que poderão produzir mudanças estruturais.

Social

Para os seres humanos, a falta de água potável está, muitas vezes, ligada à questão da pobreza. Não que seja o fator causador, mas a carência de infraestruturas básicas, como, por exemplo, redes de esgoto e estações de tratamento, resulta na contaminação de rios e lagos e, consequentemente, na falta de água potável e saneamento básico. Por isso, mesmo que a quantidade de água no mundo não seja distribuída igualmente – a Bacia Amazônica, por exemplo, guarda 16% de toda a água do mundo –, o problema está mais relacionado com as questões econômicas do que com problemas físico-naturais.

Podemos, por exemplo, analisar dois países da África com características físicas semelhantes: Etiópia e Quênia. Segundo dados da Organização Mundial da Saúde – WHO (2008), na Etiópia, apenas 38% da população tinha acesso a água potável. No Quênia, esse número já era maior, atingindo 59% da população. Observando apenas as características físicas da quantidade de água naturalmente disponível, não poderíamos entender essa diferença, pois a Etiópia apresenta uma quantidade disponível maior do que o Quênia, 110 km^3/ano e 20 km^3/ano, respectivamente (WORLDMAPPER, 2010) – um dado paradoxal.

Para entender essa diferença, podemos comparar esses números com o Produto Interno Bruto de cada país dividido pelo número de habitantes (chamado de PIB *per capita*). Segundo dados do International Monetary Fund (IMF), para o ano de 2008, na Etiópia, onde o menor número de pessoas com acesso a água é de 38%, esse valor era de 316,76 dólares por habitante e, no Quênia, onde 59% da população tem acesso a água potável, era de 890,00 dólares/habitante. Ou seja, basta melhorar a economia local para que a água apareça. (Veja a tabela a seguir.)

Características econômicas e físicas de dois países da África: Etiópia e Quênia.

Características	Países	
	Etiópia	Quênia
Porcentagem da população com acesso à água (%)	38	59
Quantidade de água naturalmente disponível (km^3/ano)	110	20
PIB per capita (dólares/habitante)	316,76	890,00

Tabela 4.1. Dados encontrados na WHO (2008), Worldmapper (2010) e IMF 2008.

Aprofundando-se nessa questão, Jeffery Malcolm (2006) encontrou uma resposta extremamente interessante. Estudando países do mundo todo, ele percebeu que a relação entre o PIB per capita e o acesso à água potável é exponencial. Talvez a palavra "exponencial" não traga tanta empolgação assim. Mas isso significa dizer que um pequeno aumento no PIB já se reflete em um grande acréscimo nos indicadores de saneamento básico. Por exemplo, se o PIB dobrar, a porcentagem de pessoas que terão acesso à água mais do que quadruplicará. A conclusão é que, pelo fato de essa relação ser exponencial, uma pequena diminuição entre as desigualdades sociais já irá refletir muito no acesso à água potável.

Econômico

Para visualizar mudanças de comportamento e menores desigualdades sociais, devemos passar pela questão econômica da água. Negócios sustentáveis relacionados à água são peças-chave nesse processo. Isso porque, além de uma questão de preservação ambiental e igualdade social, a água passa por uma questão econômica muito simples. Como basicamente ela é fornecida pelo Estado, paga-se pelo seu consumo, e quanto mais escasso esse recurso, mais caro ele irá ficar. A lógica seguida é a sempre famosa lei da oferta e da procura que permeia todo sistema financeiro. Por isso, quanto maior a quantidade de água potável degradada, mais caro ela custará.

Apenas nos últimos cinco anos, o preço da água aumentou muito. Nos Estados Unidos, aumentou 27%; no Reino Unido, 32%; na Austrália, 45%, e no Canadá aumentou praticamente 60%. É interessante notar que quanto mais cara a água, mais práticas sustentáveis são adotadas. Uma pesquisa feita em 2008 pela OECD (2010) mostrou que as pessoas que pagam de acordo com a quantidade que consomem usam 25% menos água do que as pessoas que pagam uma taxa fixa. Seguindo essa lógica, as práticas sustentáveis devem aumentar, porque, segundo estimativas, em apenas vinte anos iremos precisar de 40% a mais de água, ou seja, ela será mais escassa, mais cara e mais sustentável. A isso chamamos "sustentabilidade pela necessidade".

No entanto, assim como pensar na água não deve ser apenas uma questão ambiental, ela também não pode ser puramente uma questão econômica, pois acima da produção industrial estão as escolhas pessoais de consumo que sustentam o mercado. Por isso, a avaliação deve permear as três esferas da sustentabilidade, e só assim a prática será reconhecida como ética.

ESTUDO DE CASO (SALMAN, 2008)
Empresas sociais resolvendo a questão da água no Paquistão

Empresas sociais lembram muito ONGs ou projetos filantrópicos, no entanto, elas são bem diferentes. Montadas pelos chamados empreendedores sociais, elas não apenas criam um modelo econômico de doação de dinheiro como uma ONG, mas geram lucro através da promoção da qualidade ambiental e social. Por essa característica, alguns autores chamam esse tipo de empresa de 2,5, por estar entre o segundo e o terceiro setor.

Um caso interessante de criação de empresas sociais envolvendo a questão da água aconteceu no Paquistão, um lugar em que a população é pobre e água potável é artigo de luxo – chegando a custar quase US$ 5 o litro. Mas, antes de depositar qualquer esperança no coração e acreditar que o mundo é colorido, esse caso não deu certo. Contudo, ele continua a ser muito importante, pois mostra que é possível estruturar empresas com perfil de ONGs, mas que tenham fins lucrativos e, ao mesmo tempo, mostram que não é uma tarefa fácil, apontando para alguns erros que os empreendedores sociais não devem cometer.

Pani Ghar tinha o sonho de resolver o problema de água potável para a população pobre no Paquistão. A sua ideia era encontrar alternativas viáveis para a purificação da água, pois todas as soluções governamentais e privadas tentadas anteriormente não tinham dado certo. O principal problema era o alto custo da tecnologia utilizada no processo.

Em uma pesquisa de mercado, identificou que o preço a ser pago pela população não poderia ser mais que US$ 0,2 por litro (25 vezes menos do que o preço corrente). Após esbarrar em diversas tecnologias que não satisfaziam sua proposta – produzir água ao preço estimado –, encontrou um modesto engenheiro local que tinha desenvolvido um protótipo de filtragem através das plantas, que barateava a produção. Ali estava a chave do seu sonho. E, junto com o engenheiro, montou a empresa. É interessante notar que, mesmo que todos os indicativos dissessem que não, Pani Ghar sempre acreditou que existia algum modo de purificar a água a um preço baixo e, por fim, encontrou. A diferença entre ele e todas as outras iniciativas privadas e governamentais que tentaram o mesmo é que Pani Ghar não ficou passivo diante da realidade, foi atrás de novas tecnologias – pensou fora da caixa.

Embora tivesse alguns problemas iniciais de logística para a entrega da água, Pani Ghar superou todas as dificuldades e, com o auxílio de profissionais qualificados na área de negócios, desenvolveu a gestão da empresa. Após seis meses, a receita dobrou e a empresa já era autossuficiente.

Para expandir o seu negócio, Pani Ghar preparou um plano para abrir dez filiais com a sua marca. No entanto, para efetivar a ideia, precisava de um grande financiamento. Avaliado por uma comissão de investidores sociais, ele conseguiu parte do chamado capital (ou fundo) semente (*seed fund*). Esse fundo pode ser proveniente de governos internacionais, companhias privadas ou mesmo pessoas interessadas na promoção do empreendedorismo social. No entanto, nada é feito sem uma boa gestão, e, diante da falta de planejamento a longo prazo, tais investidores podem redirecionar seus focos para outros empreendedores.

Com a primeira parte do dinheiro, Pani Ghar investiu no desenvolvimento da gestão interna dos seus negócios, o que não agradou seu sócio, pois discordava desse tipo de investimento. As brigas entre eles se estenderam para outros patamares da empresa, e essa falta de coerência interna fez os investidores internacionais cortarem sua verba. No último trimestre de 2007, a empresa de Pani Ghar foi à falência.

A ideia de Pani Ghar era realmente boa, e, como um bom empreendedor social, ele pensou fora do contexto e encontrou uma solução para a produção de água a um baixo custo. Contudo, empresas sociais devem ter uma gestão altamente acurada, pois, normalmente, trabalham com produtos de baixo valor agregado. Com isso, o empreendedor social deve continuar a ser independente, pelo menos até que a fase piloto do produto seja bem-sucedida. A dependência de um fator externo, incluindo uma organização ou um investimento na fase inicial, pode ser fatal.

Dessa forma, as soluções para o fornecimento de água potável, assim como sua preservação, devem passar pela criação de empresas sociais. Com uma boa gestão empresarial e estrutura de negócios, essas empresas podem ser as representantes mais nobres de uma economia sustentável, em todos os seus sentidos.

Capítulo 5

Aquecimento global

Os combustíveis fósseis são uma falha da natureza, portanto, queimá-los seria corrigir o problema!

Colocar um título ou começar um texto com uma frase sensacionalista é uma técnica que, para muitos, vale a pena. Mesmo que cause algumas contradições ao longo do texto ou obrigue o autor a dizer ao final que "não era bem assim", é uma ferramenta que atrai muitos leitores. Uma vez, por exemplo, ficamos muito tentados a discutir um texto com o título "Sustentabilidade é pura bobagem", no qual, em um ato de sinceridade extrema, o autor, já no primeiro parágrafo, diz que o título foi colocado para "chocar o leitor e chamar a atenção", e, no segundo parágrafo, desculpa-se dizendo não crer que sustentabilidade seja, de fato, uma bobagem. Por isso, se entre o balanço da informação contida e a aceitação pelo público, o autor escolher majoritariamente a segunda opção, o sensacionalismo é a melhor ferramenta. Aliás, o aquecimento global é um tema envolto por inúmeras frases sensacionalistas, entre os que acreditam e entre os que juram de pés juntos que é pura mentira. Expressões como conspiração, farsa, verdade inconveniente e opressão da burguesia são comumente usadas.

Para não sermos "estranhos no ninho" na hora de discutir o tema "aquecimento global", nós também utilizamos um título sensacionalista.

Formação de combustível fóssil

A Terra é um sistema quase fechado. As únicas coisas que entram são radiação solar, corpos celestes e, eventualmente, discos voadores. As únicas coisas que saem são calor, satélites artificiais e uma dúzia de astronautas. Todo o resto faz parte de um ciclo de transformação e reutilização dentro da Terra. A água, por exemplo, sempre circula dentro do ciclo de hidrogênio, e o impacto ambiental não está relacionado à expulsão dessa água para fora da Terra, mas sim aos desvios desse ciclo e à poluição causada.

A matéria orgânica também se encontra em um ciclo fechado. Recapitulando o fluxo de energia: a radiação solar inicia a fotossíntese, as plantas produzem carboidratos e os animais alimentam-se dessa energia. Quando eles morrem, a matéria é decomposta pelos seres decompositores e, assim, voltará para o ciclo novamente, possibilitando seu uso por outros seres vivos. Essa é a explicação não bíblica para a frase "Comerás o teu pão com o suor do teu rosto, até que voltes à terra de que foste tirado; porque és pó, e em pó te hás de tornar" (Gênesis 3:19).

No momento dessa volta da matéria orgânica para o início do ciclo é que a natureza pode "falhar" e alguns seres vivos não se tornarem pó. Isso acontece quando as condições ambientais para a decomposição são muito desfavoráveis e bolsões de matéria orgânica morta (combustíveis fósseis) são formados embaixo da terra. Assim, o que aqueles seres vivos retiraram da natureza não será reintroduzido no ciclo.

Reduções históricas na quantidade de matéria orgânica

A primeira grande baixa na quantidade de matéria morta que não foi reintroduzida no ciclo natural aconteceu há cerca de 144 milhões de anos, no chamado Período Cretáceo.

O "problema" desse período é que a composição atmosférica era diferente da atual. E, infelizmente, para a dinâmica natural dos ciclos biológicos, essa combinação atrapalhava o processo de decomposição natural. Assim, por meio de deslizamento de terra, terremoto ou inúmeros outros motivos, parte do material morto poderia ser soterrado antes de ser decomposto. E, se esse soterramento fosse forte o bastante para causar grande pressão, no decorrer de milhares de anos ele poderia ser transformado em combustível fóssil. É importante ressaltar que essa transformação é um processo complexo e depende de inúmeras variáveis para acontecer, por isso, é raro. No entanto, como no Cretáceo a decomposição era lenta e havia grande abundância de plantas, a probabilidade de algo ser transformado em combustível fóssil era maior (PARMESAN; MATTHEWS, 2006).

O papel das plantas nessa transformação é fundamental. Isso porque elas precisam de dióxido de carbono para crescer, e, se não forem decompostas, esse dióxido de carbono capturado não irá voltar ao ciclo natural da terra. Ou seja, o que aconteceu no Cretáceo foi que a expansão das plantas terrestres e sua transformação em combustíveis fósseis fez diminuir a quantidade de dióxido de carbono na atmosfera.

Após uma grande extinção no final desse período, na qual 76% das espécies desapareceram e muita coisa foi transformada em combustível fóssil, outra grande radiação de plantas também ocorreu no período seguinte, o Terciário (PARMESAN; MATTHEWS, 2006). Grandes árvores tornaram-se dominantes nessa época. Com densas florestas espalhando-se por todo o mundo, mais carbono foi capturado. Com isso, durante milhares de anos, e em consequência de reincidentes falhas no processo de decomposição, o dióxido de carbono foi sendo sequestrado da atmosfera para formar petróleo, carvão e gás natural.

A quantidade de dióxido de carbono e o clima na Terra

Em termos gerais, a variação no clima é causada pela mudança da retenção e distribuição de energia solar no planeta. E o caminho é mais ou menos este: a radiação que sai do sol passa pela atmosfera em ondas pequenas chamadas de raios ultravioleta (UV). Quando atingem a superfície da Terra, elas são transformadas em ondas grandes – infravermelhas (IV) –, as quais não conseguem sair da atmosfera, fazendo a Terra esquentar.

O que impede ondas infravermelhas de voltarem para o espaço são gases presentes na atmosfera, como o dióxido de carbono, metano e vapor d'água – chamados gases do efeito estufa. Em uma analogia, os gases do efeito estufa podem ser considerados um cobertor envolvendo a superfície da Terra e que mantém a temperatura relativamente estável. Assim, quanto mais grosso esse cobertor, ou quanto mais gases atmosféricos, mais quente irá ficar. É por isso que, após a captura de dióxido de carbono pelas plantas e a posterior transformação em combustíveis fosseis, o clima da Terra deu uma refrescada.

Assim, embora queimá-los seria corrigir uma "falha" da natureza, tal ato não é interessante, pois apenas conseguimos desenvolver a nossa sociedade em razão da amenização do clima, e voltar atrás não é mais "conveniente".

A utilização do petróleo

Os combustíveis fósseis estão localizados nas profundezas, no entanto, eles podem aflorar. Existem algumas regiões, por exemplo, que são como pequenos lagos compostos de petróleo.

Provavelmente, os primeiros que começaram a utilizar o petróleo aflorado (chamado de betume) foram alguns grupos de caçadores que viveram entre 10 e 20 mil anos atrás. Como uma armadilha de caça, eles atraíam grandes mamíferos, como mamutes, para essas regiões. Presos nesse material pegajoso, os animais eram capturados com maior facilidade. Sobre essa caça de grandes mamíferos por grupos de humanos (não apenas com betume, mas no contexto geral) há muito que se discutir, uma vez que grande parte das espécies que eram caçadas foi extinta nessa época. Uma agradável leitura sobre o assunto está em um dos capítulos do livro *Armas, germes e aço*, de Jared Diamond (2007).

Após esses registros, os próximos remontam a cerca de 4000 a.C. Povos da Mesopotâmia, do Egito, da Pérsia e a da Judeia começaram a utilizar esse petróleo para a pavimentação de estradas, calefação de grandes construções, aquecimento de casas e como lubrificante. Os chineses já estavam muito à frente e, nessa mesma época, perfuravam alguns poços rasos usando bambu. No início da era cristã, os árabes começaram a utilizá-lo para fins bélicos e de iluminação. E, no começo do século XII, já havia locais que produziam petróleo em escala "comercial" (SHAH, 2007).

Retirada de combustíveis fósseis

Em 1712, Thomas Newcomen (1663-1729) tinha que resolver um problema de acúmulo de água dentro de minas de carvão e, para isso, instalou uma simples máquina que drenava para fora tudo que tinha no fundo. O que hoje parece solução simples, na época foi o primeiro motor a vapor comercialmente viável da história. Além disso, lá estava a chave para a retirada dos combustíveis fósseis do fundo da terra e um dos suportes para o desencadeamento da Revolução Industrial anos mais tarde.

Com o início da Revolução Industrial (por volta de 1780), os combustíveis fósseis tornaram-se o produto principal para o desenvolvimento econômico, desencadeando uma grande procura por novos poços. Considera-se que a indústria petrolífera moderna começou no final do século XIX. O primeiro poço que utilizava a ideia de Newcomen foi perfurado no Azerbaijão, em 1846. Em 1850, foram descobertos os primeiros processos de refinação do material. Sete anos mais tarde, foi perfurado o primeiro poço comercial na Romênia, e, nas Américas, o primeiro poço foi perfurado no Canadá, em 1858 (SHAH, 2007).

Nos Estados Unidos, o primeiro poço foi perfurado apenas treze anos depois do primeiro poço no Azerbaijão, por Edwin Laurentine Drake, em 1859. No entanto, mesmo assim, os norte-americanos consideram que o nascimento da moderna indústria de petróleo aconteceu lá. Assim como consideram que o avião foi inventado pelos irmãos Wright, e não por Santos Dumont.

Com a intensificação do uso dos combustíveis fósseis, a emissão de dióxido de carbono na atmosfera aumentou muito.

Dicas para ser lembrado

A grande maioria das pessoas que vivem hoje não serão lembradas em um prazo máximo de 150 anos. Depois que morrerem, os filhos e alguns amigos ainda preservarão as histórias e, com o passar do tempo, apenas alguns netos mais atenciosos ainda terão paciência para ouvi-las. Mas, em duas ou três gerações, tais histórias não serão mais lembradas e tudo o que aquela pessoa vivenciou, repassou e ensinou será dissolvido em uma sociedade muito diferente, na qual não fará mais sentido preservar aquele passado. Essa lógica de pensamento, de certa forma cético diante da realidade, abre espaço para o hedonismo, em que aproveitar o momento é o mais importante tempero da vida.

Alguns poucos escolhidos, no entanto, ficarão para a história – por aquilo que fizeram, por aquilo que foram ou por aquilo que descobriram. Cristóvão Colombo, por exemplo, será sempre lembrado por ter "descoberto" a América. Já Pelé sempre será lembrado por ter sido o maior jogador de futebol de todos os tempos, assim como Maradona, que sempre será lembrado por ter sido o segundo melhor jogador de futebol de todos os tempos. Entre todas as categorias, descobrir algo é normalmente mais eficaz na busca da eternidade, uma vez que aquilo que foi descoberto poderá perpetuar o seu nome.

Espécies novas estão nessa categoria de "coisas para se descobrir e entrar para a posteridade", visto que, quando alguém descobre alguma espécie nova (independentemente do que seja), tem o direito de escolher o nome que ache mais conveniente. A boa maneira diz que o nome, preferencialmente, deve contar características da espécie (v. capítulo 1 – "Ecologia, mais do que *eco* e *logia*"), no entanto, também pode ser uma homenagem própria ou para alguém que o descobridor admire. Nessa busca pela satisfação do ego, alguns cientistas criaram um modelo de negócio interessante. Quando descobrem uma espécie nova, abrem um leilão na internet e aquele que oferece mais dinheiro tem o seu nome emplacado na espécie. Nesse modelo de negócios, o dinheiro arrecadado com a venda do direito é reinvestido na conservação da espécie ou do local onde foi descoberta.

Em razão da busca cada vez maior da onipresença, esse modelo tem se popularizado. Em 2005, a Sociedade para a Conservação de Espécies Selvagens (WCS) levantou 650 mil dólares com a venda de um nome para uma nova espécie de macaco na Bolívia. Em setembro de 2007, a venda de dez nomes de espécies de peixes conseguiu uma arrecadação de mais de 2 milhões de dólares para a conservação da região oeste da Indonésia.

No entanto, quando o americano Charles D. Keeling descobriu que o dióxido de carbono estava aumentado em valores acima do normal na atmosfera e encontrou uma curva de crescimento dessa concentração, esse modelo de negócios ainda não existia (ou talvez não fosse ético) e, assim, ela foi simplesmente denominada de Curva de Keeling.

A curva de Keeling

Svante Arrhenius, pai da química moderna, já dizia, em 1896, que os gases do efeito estufa poderiam afetar as propriedades do clima, e também que o produto da combustão do carvão na Revolução Industrial poderia aquecer a Terra. Embora não tenha sido crucificado, também não foi levado muito a sério. Na verdade, ninguém estava disposto a colocar em dúvida o grande desenvolvimento pelo qual a sociedade estava passando.

Charles Keeling, mais de sessenta anos depois da divulgação das ideias de Arrhenius, em 1958, também começou a desconfiar de que o gás carbônico produzido pela queima dos combustíveis fósseis talvez estivesse se acumulando na atmosfera. Para verificar sua suspeita, decidiu medir como variava a concentração de CO_2 e montou uma estação de coleta de dados no topo da montanha Mauna Loa, no Havaí.

A primeira descoberta de Keeling foi perceber que a concentração de CO_2 aumentava e diminuía durante o ano, como se fosse uma montanha-russa. Assim, descobriu-se que, como no inverno há menor incidência de sol, as plantas realizam menor quantidade de fotossíntese e, com isso, aumenta a quantidade de CO_2. Já no verão, a quantidade de sol é maior, aumentando a captura de CO_2 da atmosfera pelas plantas. No entanto, até aí, nada que causasse grandes preocupações (REINACH, 2010).

No entanto, com o acúmulo de dez anos de medições, Keeling percebeu que aquele gráfico em forma de montanha-russa tendia a aumentar a cada ano. E que desde o começo das suas medições, em 1958, até 2002, os níveis de CO_2 na atmosfera tinham crescido 17%. Contudo, mesmo com dez anos de coleta, ele não conseguiu provar sua teoria.

Os primeiros problemas

O motivo para que Keeling não conseguisse provar sua teoria foi que análises temporais de dados (como, por exemplo, mudanças na concentração de CO_2 na atmosfera ao longo do tempo) são complexas e sensíveis. É comum as pessoas perceberem que em um ano chove mais e, em outro, chove menos. Ou lembrarem que quando o vizinho chato foi passar o verão na praia não choveu nenhum dia e, no ano seguinte, quando elas decidiram ir, choveu todos os dias.

Contudo, essas variações curtas não indicam tendências. O que acontece nessas escalas curtas é que, quando se mede algo em um ano (por exemplo, a quantidade de CO_2 na atmosfera) e depois repete-se a medida no ano seguinte, as duas amostras podem não ser independentes. E, quando duas amostras não são independentes, basicamente, não se pode fazer análises estatísticas com elas.

O motivo é que algo que aconteceu no ano anterior também irá afetar o ano seguinte e o que acontecer no ano seguinte irá afetar o subsequente. No caso do vizinho chato, após um ano com muito sol, é comum seguir-se um ano com muitas chuvas. A variação do CO_2 poderia estar relacionada, por exemplo, a uma grande explosão vulcânica com grande eliminação do gás e os sinais dessa explosão poderiam ser sentidos nos anos subsequentes sem que isso significasse aumento persistente de CO_2 na atmosfera. Quando os efeitos dessa explosão desaparecessem, a quantidade do gás na atmosfera voltaria aos níveis normais. Enfim, o que se dizia era que, com dez anos de dados, não se poderia provar nada.

Muitas das críticas também se baseavam no que se sabia ao longo da história da Terra, pois realmente a temperatura tem variado muito. Usando dados dos sedimentos dos oceanos, recifes de corais e outros dados paleontológicos, é possível visualizar algumas flutuações desde o final do Cretáceo. Sabia-se, por exemplo, que, com as mudanças na quantidade de gases do efeito estufa, as temperaturas planetárias tinham diminuído cerca de 10 °C desde o Período Terciário (PARMESAN; MATTHEWS, 2006). E, para provar que após a Revolução Industrial a temperatura tinha aumentado acima do esperado pelas variações naturais, era preciso uma análise mais refinada de dados, pois os dados paleontológicos apenas forneciam cenários pontuais do clima.

Uma solução

Uma descoberta essencial na questão do aquecimento global foi perceber que a neve sequestra pequenas bolhas de ar na atmosfera e que elas ficam preservadas na estrutura do gelo. A cada ano, surge uma nova camada de gelo na Antártida contendo amostras do ar daquele ano, e, coletando essas camadas de gelo, é possível reconstituir as alterações ocorridas na atmosfera ao longo dos anos. Para isso, basta cavar um poço e retirar o gelo do buraco.

Assim, a partir dessa descoberta, foi montado o Projeto Europeu de Prospecção de Gelo na Antártida (EPICA), que tem como objetivo entender o clima da Terra em tempos remotos. Para analisar o clima de muitos anos atrás, os cientistas perfuraram um poço de 3 mil metros e, com isso, conseguiram amostras anuais dos últimos 650 mil anos. Além da concentração de CO_2, eles conseguiram medir a razão entre a concentração de deutério e hidrogênio, o que permitiu calcular a temperatura do ar no ano em que foi sequestrado. A solução estava lá; agora era possível comparar a quantidade de CO_2 na atmosfera com a temperatura ao longo de milhares de anos.

Com os dados de 650 mil anos analisados, poucos estatísticos duvidam do resultado, pois, nessa escala de tempo, as variações pontuais não são mais sentidas.

Os perfis obtidos pelos cientistas demonstraram a existência de ciclos de aquecimento e resfriamento com duração de 100 mil anos. Durante cada ciclo, a atmosfera esquenta e esfria, acompanhando o aumento na quantidade de CO_2. Também se observou que em nenhum dos seis ciclos, que compreendiam os 650 mil anos, a quantidade de CO_2 passou de 300 ppm (partes por milhão), variando de 190 a 300 ppm. O último ciclo, iniciado há 25 mil anos, com baixas temperaturas e 190 ppm de CO_2, chegou a 280 ppm de CO_2 no início do século XIX. Contudo, com a Revolução Industrial, a quantidade de CO_2 deu um grande salto e hoje é cerca de 370 ppm (SIEGENTHALER *et al.*, 2005). A temperatura também acompanhou esse aumento, estando hoje 0,6 °C mais quente do que no começo da Revolução Industrial.

E qual é o problema de ser 0,6 °C mais quente?

Para entender o que representa esse aumento de temperatura e como ela pode afetar os sistemas naturais da Terra, os cientistas recorreram às características ambientais e climáticas dos últimos milhares de anos, no chamado período Pleistoceno. O clima do Pleistoceno alterou-se entre dois extremos: glacial (frio e seco) e interglacial (quente e úmido).

Os períodos mais frios dessa época eram 5 °C mais baixos que a temperatura atual, o suficiente para que as geleiras cobrissem praticamente todo o hemisfério Norte e o nível do mar fosse centenas de metros mais baixo que atualmente. Após o período glacial, a temperatura começou a aumentar, atingindo um clima interglacial. É exatamente nessa época que o filme *A Era do Gelo 2* contextualiza sua história.

No entanto, há cerca de 11 mil anos, no início do período Holoceno, a temperatura se estabilizou, tendo flutuações de apenas 1 °C em torno da média (PARMESAN; MATTHEWS, 2006). Portanto, comparando com os últimos milhares de anos, o aumento de 0,6 °C em cerca de cem anos representa uma grande mudança na natureza, e as consequências ambientais já começam a ser sentidas. Bom para Charles Keeling, que cada vez mais vai ser lembrado pela descoberta da curva de crescimento da concentração de CO_2.

Um clima tenso, modelos matemáticos e o IPCC

No final do ano de 2009, a discussão sobre o aquecimento global "esquentou". Alguns e-mails de pesquisadores que trabalhavam com a questão climática da Universidade de East Anglia, no Reino Unido, foram roubados. Neles, encontraram-se mensagens que poderiam levar à interpretação de que alguns dados dos modelos climáticos eram forjados. A discussão ganhou o mundo, fazendo com que um conselho de cientistas refizesse alguns dos modelos apresentados até hoje para averiguar a veracidade. No final, tudo foi resolvido e as previsões do clima foram realmente confirmadas.

Contudo, a questão principal dessa história recai, na verdade, sobre o uso de modelos matemáticos para prever o futuro, porque modelos são modelos e não traduzem exatamente a realidade.

O simples ato de se referir a modelos matemáticos já assusta muita gente. O medo da matemática vira um monstro de sete cabeças quando os números se agrupam em um modelo e, por isso, causam muita dúvida, desconfiança e aversão.

No entanto, criamos modelos matemáticos em nossas cabeças o tempo todo. A diferença é que não os interpretamos com números e fórmulas complexas, mas usamos nossas percepções qualitativas da realidade para esclarecer os modelos. Por exemplo, para jogar uma bolinha de papel no cesto de lixo é necessário um modelo matemático. Calcula-se a distância do cesto, avalia-se o peso do papel e cria-se um modelo em que é necessário "pouca" ou "bastante força", para uma distância "curta" ou "longa", respectivamente. Também se imagina na cabeça de quem o papel irá bater, se for jogado com mais ou menos força. Cria-se, assim, um modelo preditivo, no qual, se aquelas condições avaliadas estiverem corretas, a bolinha atingirá o alvo.

Os modelos do clima são avaliados dessa mesma maneira: medem-se as variáveis climáticas e tenta-se achar uma previsão futura. No entanto, diferentemente da nossa análise mais qualitativa (perto, longe, pesado etc.), esses modelos são mais complexos e as variáveis são medidas de modo milimétrico. Assim, o objetivo principal da modelagem continua o mesmo: entender as variáveis que afetam o seu experimento e, com isso, prever o que irá acontecer, só que, dessa vez, de um modo mais complexo.

Contudo, acertar como será o clima no futuro é um pouco mais difícil do que acertar uma bolinha de papel no cesto de lixo. A dificuldade é que existem muitas variáveis, e uma mudança, mesmo que pequena, nas características atuais, pode levar a um caminho diferente do previsto. Para sanar essa dificuldade, os modelos são refeitos centenas ou milhares de vezes. Com isso, apenas assume-se como verdade quando a grande maioria (normalmente 95%) dos modelos mostra o mesmo caminho – tal porcentagem é considerada como prova científica.

Para reunir os modelos em que diversos cientistas ao redor do mundo vêm trabalhando, foi criado o IPCC (Intergovernmental Panel on Climate Change – Painel Intergovernamental sobre Mudanças Climáticas), um grupo de trabalho que publica, de tempos em tempos, um relatório sobre o que se tem descoberto sobre o aquecimento global e as mudanças climáticas.*

* Para facilitar a interpretação dos dados, o IPCC resolveu adotar os seguintes critérios categóricos para os resultados de probabilidade: fato virtualmente certo (quando mais de 99% dos modelos mostrarem aquele caminho), extremamente provável (mais de 95%), muito provável (mais de 90%), provável (mais de 66%), mais provável que não provável (mais de 50%), improvável (menos de 33%), muito improvável (menos de 10%) e extremamente improvável (menos de 5%) (IPCC, 2007).

Resultados das revisões climáticas

Em seu quarto relatório, chamado de IPCC-AR4, de fevereiro de 2007, o IPCC divulgou as últimas previsões para as mudanças climáticas. Para diminuir a probabilidade de erro, os resultados foram divididos em diferentes cenários, de acordo com as possíveis atitudes que os governos e as pessoas possivelmente tomarão. Eles são basicamente divididos em altas emissões (A2) e baixas emissões (B2), com algumas subdivisões (Tabela 5.1).

Em resumo, os resultados alertam para um aumento médio global das temperaturas entre 1,8 °C e 4,0 °C até 2100. Esse aumento pode ser ainda maior (6,4 °C) se a população e a economia continuarem crescendo rapidamente e se for mantido o consumo intenso dos combustíveis fósseis. Mas, levando em conta aquela história da prova científica (ou, de acordo com o IPCC, extremamente provável), a estimativa mais confiável fala em um aumento médio de 3 °C.

A Tabela 5.1 apresenta projeções para as mudanças na temperatura e no nível do mar conforme os cenários apresentados.

Veja também, no Anexo, a Figura 4.

Tabela 5.1. Cenários climáticos, características e possíveis ações e consequente mudança na temperatura e no nível do mar. Dados publicados no quarto relatório do IPCC.

Cenário	Característica	Subcenário	Característica	Temperatura (°C)	Nível do mar (cm)
A1	Rápido crescimento econômico A população atinge 9 bilhões em 2050 e começa a declinar Rápida popularização de novas tecnologias mais eficientes Mundo integrado	A1FI	Uso de combustíveis fósseis	4	26-59
		A1B	Uso moderado de combustíveis fósseis	2,8	21-48
		A1T	Uso de energias renováveis	2,4	20-45
A2	Mundo independente. População crescendo após 2050 Economia não integrada. Tecnologia limpa pouco popularizada			3,4	23-51
B1	Rápido crescimento econômico com economia integrada População decresce após 2050. Tecnologias limpas mais popularizadas Baseado no tripé da sustentabilidade			1,8	18-38
B2	A população cresce, mas em ritmo desacelerado Economia local, embora baseada no tripé da sustentabilidade Níveis médios de desenvolvimento econômico. Tecnologia limpa pouco popularizada			2,4	20-43

Possíveis consequências do aumento da temperatura

Mudanças no nível do mar, quando 50 cm é muito

O limite entre a água e a terra tem mudado muito ao longo do tempo. Há 20 mil anos, o nível do mar era 120 metros mais baixo do que hoje. Com o fim da era glacial, o nível do mar começou a se elevar, mas praticamente estabilizou-se novamente entre 2 e 3 mil atrás. Alguns cientistas estimam que nesse último período ele aumentou entre 0,1 e 0,2 mm anualmente.

Com o aumento da temperatura, após o início da Revolução Industrial, o nível do mar começou a subir mais rápido. Estimativas mostram que a média de aumento do nível do mar no século XX foi de 1,7 mm, ou seja, quase dez vezes mais acelerado do que a velocidade dos últimos 3 mil anos. Agora, se observarmos apenas as últimas décadas, a situação é ainda mais feia. Desde 1993 até hoje, o aumento tem sido de 3 mm por ano – mais de 30 vezes mais rápido que nos últimos 3 mil anos (IPCC 2007).

As razões para o aumento do nível do mar são, principalmente, duas. A primeira é expansão térmica, o que é simplesmente o aumento no volume que acontece quando qualquer líquido fica mais quente. Aumenta-se a temperatura, as moléculas se agitam, ocupa-se mais espaço. Não é fácil perceber esse aumento quando esquentamos uma caneca de leite. No entanto, se esquentarmos algo com o volume do oceano, com certeza esse aumento será perceptível. Assim, embora o aumento na temperatura, nos últimos anos, seja "apenas" de 0,6 °C, quando levamos em conta o grande volume dos oceanos, verificamos que esse aumento significa muito. As observações das últimas décadas sugerem que a expansão térmica é responsável por um aumento de cerca de 1 mm anualmente.

O segundo ponto é o derretimento da água presa nos gelos polares. A justificativa física para isso é simplesmente o ponto de fusão do gelo: quanto mais quente, menos gelo. Estima-se que o derretimento das calotas polares tem contribuído para o aumento do nível do mar com cerca de 0,8 mm por ano no século XX.

No entanto, se somarmos os dois fatores, derretimento e expansão, a conta não fecha, pois o nível do mar está aumentando mais do que a influência deles. A questão é que existem diversos outros fatores difíceis de serem medidos agindo simultaneamente, mas que, em conjunto, agravam a situação. São eles: a retirada não sustentável da água subterrânea, a criação de reservatórios, o desmatamento, a mudança da permeabilidade do solo e a consequente mudança no ciclo da água, entre outros.

Pelas projeções para o século XXI, o aumento do nível do mar irá acelerar ainda mais. De acordo com o cenário A1B, o nível do mar irá subir entre 22 cm e 44 cm até o meio da década de 2090, tendo um aumento de 4 mm por ano. No cenário mais otimista (B1), o nível do mar irá subir entre 18 cm e 38 cm. Já no cenário mais pessimista, ele irá subir entre 26 cm e 59 cm. Esse nível não é constante no mundo todo e pode variar cerca de 15 cm, para mais ou para menos, entre as localidades.

Para quem pensa que 50 cm não é muito, o programa GCCIUS – *Global Change Research Program of United States* (2009) fez uma estimativa simples e avaliou que, para cada milímetro de elevação, a faixa litorânea regride, em média, 1,5 metro. Assim, caso o nível do mar se eleve em 50 cm, o litoral recuará em média 750 metros. Para os Estados Unidos, isso significa que só o estado de Massachusetts, o terceiro mais densamente habitado dos Estados Unidos, perderia entre 3 e 4 mil hectares de terra. Com base no valor nominal da terra de US$ 1 milhão por acre para terrenos frontais ao oceano, isso significará uma perda de, no mínimo, US$ 7,5 bilhões em propriedades de alto valor.

Nessa mesma avaliação, previu-se que nos Estados Unidos, como um todo, a perda seria entre US$ 20 e US$ 150 bilhões (GCCIUS 2009). Contudo, essa estimativa está subestimada, uma vez que não considerou fatores de compensação como custo da redução dos recursos naturais, decisões políticas, variações econômicas etc.

No Uruguai, a estimativa de o mar subir 0,5 m na costa de Montevidéu representa apenas 56 m de costa e perda de apenas 6,8 hectares de terra. No entanto, apenas para essa área, a perda já seria de US$ 23 milhões. Na Polônia, esse custo seria de US$ 30 bilhões e, para se proteger dessa invasão, seria necessário um investimento de US$ 6 bilhões (IPCC 2007).

Esses são apenas alguns exemplos e estimativas para a

elevação do nível do mar. Somando-se os danos no mundo todo, muito mais será perdido. Por isso, mesmo que o nível do mar já tenha mudado centenas de metros em outras épocas, atualmente, 50 cm é muito mais impactante, uma vez que milhares de pessoas vivem na faixa litorânea.

Mudanças do padrão de precipitação

O aumento da temperatura na Terra também modifica a distribuição das chuvas. Fisicamente, o que acontece é que, com o aumento da temperatura, cresce a retenção de umidade na atmosfera e, com isso, modifica-se o ciclo hidrológico. É interessante notar que é a distribuição, e não a quantidade de chuva na Terra, que é modificada. Isso porque, embora haja um aumento na intensidade, elas se tornam mais rápidas e menos frequentes, assim, somando-se a chuva do mundo todo, a quantidade é a mesma. Pode-se dizer que as longas garoas viram "trombas d'água".

No entanto, mais uma vez, esbarramos na dificuldade de provar dados temporais. E, no caso da precipitação, o cenário fica ainda mais nebuloso. Além das barreiras estatísticas, há uma dificuldade de coleta de dados. Normalmente, as medições são prejudicadas por pequenas variações locais, como neve, luz e vento, o que não permite a elaboração de um cenário geral.

Existem muitas tendências relacionadas à precipitação no mundo. Mas, apenas por serem tendências, não se garante que irão consagrar-se como fato. Assim como um novo estilo de roupa: embora, às vezes, exista uma tendência, não quer dizer que irá virar moda.

Aqui vale um pequeno resumo do que, provavelmente, está ocorrendo no mundo (IPCC 2007): para a maioria da América do Norte e, especialmente, sobre regiões de latitude alta, como norte do Canadá, a precipitação anual parece ter aumentado durante os últimos 105 anos. Na parte central e leste da América do Norte, assim como no norte da Europa, norte e parte central da Ásia, provavelmente houve um aumento entre 6% e 8% da quantidade de precipitação. Na América do Sul, condições cada vez mais úmidas foram observadas sobre a Bacia Amazônica e no sudeste da América do Sul, incluindo a Patagônia. Já no Chile, observa-se uma diminuição da precipitação. A maior evolução negativa da precipitação anual foi observada ao longo da África Ocidental e do Sahel. Atualmente já foi possível **provar** que houve uma diminuição de chuvas entre 1900 e 2005 nesses lugares.

Em resumo, ainda é verdade que, quanto maior for o aumento da temperatura, mais próximos ficaremos de um clima intenso, no qual chuvas e secas extremas serão características comuns. No entanto, mesmo que a temperatura tenha aumentado, as provas científicas de que essas mudanças já estão ocorrendo ainda são poucas – são mais tendências do que provas. Porém, isso não desmente o fato de que estejam ocorrendo. O que acontece é apenas uma falta de acurácia em razão do tempo de coleta. Para finalizar, cabe uma frase encontrada em um *blog* sobre moda: "Nem toda tendência vira moda, mas toda moda já foi uma tendência".

Aumento de furacões e tufões e preocupações do senhor Lee

Tufão é o vocábulo utilizado para caracterizar os ciclones naturais que provocam tempestades violentas no Oceano Pacífico Noroeste e em parte do Oceano Índico. Furacão é exatamente a mesma coisa, só que é o nome dado ao fenômeno quando ocorre no Oceano Atlântico e no Pacífico Sul.

Os furacões (ou tufões) ocorrem em razão de um desequilíbrio entre a temperatura dos oceanos tropicais e a temperatura da atmosfera. Essa diferença, agregada a outros fatores locais, faz com que grande quantidade de ar seja deslocada rapidamente, transformando a energia térmica em energia eólica e formando aquele vento característico em forma de redemoinho. Por isso, há, teoricamente, uma ligação direta entre desequilíbrio térmico do planeta e maior quantidade e intensidade dos furacões.

O mais recente furacão devastador dos últimos anos foi o Katrina, que ocorreu em 29 de agosto de 2005. Os ventos alcançaram mais de 280 km/h e o furacão chegou à categoria 5 (a mais forte entre os furacões). O vento foi tão forte que alguns dos diques que protegiam a cidade de Nova Orleans, nos Estados Unidos, não conseguiram conter as águas do Lago Pontchartrain, inundando mais de 80% da cidade. Cerca de 200 mil casas ficaram debaixo d'água e muitas pessoas só puderam voltar no início de 2006. Na conta final, o furacão causou um prejuízo em torno de US$ 2 bilhões e se tornou um dos casos mais interessantes e eticamente discutíveis na questão de sustentabilidade.

Resumidamente, o que se conta é que, quando Lee Scott, antigo CEO (executivo-chefe) do Walmart, viu na televisão as notícias de que 200 mil pessoas estavam ilhadas e sem acesso a bens de consumo, teve o seguinte pensamento: são 200 mil consumidores a menos. Com essa preocupação, ligou para o escritório da empresa de consultoria e *think tank SustainAbility*, em Nova York, para que elaborassem um plano de sustentabilidade. A sua reflexão era de que essa preocupação seria necessária para que ele não perdesse clientes. Assim, com a ajuda de diversas instituições (aqui vale frisar o papel da organização não governamental Conservação Internacional – CI), eles têm reduzido o impacto ambiental e social de seus produtos ao longo de toda a cadeia de produção e investido na conservação de áreas com alta relevância biológica. Hoje o Walmart se caracteriza como um dos mais avançados modelos de sustentabilidade em se tratando de grandes corporações.

Pensando em casos como o de Nova Orleans, o Japão fez uma tentativa de avaliar os custos dos danos domésticos a partir do teoricamente crescente surto de tufões (vale lembrar que lá o fenômeno é chamado de tufão). O valor estimado por ano com o aumento desses desastres seria de US$ 3,4 bilhões.

No entanto, ainda não está provado que o aquecimento global aumentou a intensidade e a frequência de furacões. O problema é o mesmo que o americano Charles D. Keeling encontrou para provar sua curva de aumento de CO_2: pouco tempo de amostra. Embora existam dados de registros de furacões desde 1878, eles não são precisos e não foram rigorosamente coletados. Dados que realmente podem ser usados em modelos matemáticos são referentes apenas às ultimas décadas, desde 1980. Assim, embora existam modelos que mostram que a intensidade e frequência dos furacões têm aumentado nos últimos anos e que irão aumentar muito mais nas próximas décadas, como projeções de aumento de 300%, esses modelos não representam uma verdade científica.

De acordo com uma revisão feita pelo pesquisador do Laboratório de Geofísica de Fluidos Dinâmicos Thomas

Knutson e outros colaboradores (2010), existem modelagens confiáveis de que, provavelmente, a intensidade e a frequência dos furacões estejam aumentando em até 100%. No entanto, para tirar o "provavelmente' dessa frase, ele estima que ainda seja necessário coletar dados até a última metade deste século. Um segundo ponto seria a detectabilidade das modelagens para variações. O que pode estar ocorrendo é que as modelagens apenas consigam detectar grandes variações, enquanto pequenas variações que provavelmente devam estar ocorrendo, como a intensidade e frequência de furacões de pequeno porte, não são perceptíveis.

Por isso, furacões, tufões ou o nome que se queira dar a grandes tempestades acompanhadas de ciclones tropicais estão entre as mudanças climáticas que possivelmente irão ocorrer, mas ainda não há provas. Eles parecem ser um bom apelo de marketing para a agregação de um modelo menos predatório do uso de recursos naturais, pois, em razão do desastre do Katrina, o Walmart tem influenciado milhões de pessoas ao redor do mundo para um consumo mais sustentável.

O mercado de carbono é um investimento de risco?

Sim, investir em um negócio baseado nas mudanças climáticas é arriscado. Embora existam provas concretas sobre o aumento da temperatura e do nível do mar, diversos outros fatos ainda são considerados tendências climáticas, ou seja, não há certeza absoluta de que irão ocorrer. Por isso, o risco de investir agora é que, no futuro, teoricamente, as tendências podem não se concretizar e o clima não mudar como previsto. Assim, possíveis taxações governamentais deixarão de ocorrer e os consumidores certamente não estarão dispostos a pagar por um produto que está agregado a algo que não existe.

No entanto, a ciência – ou as análises estatísticas – é uma via de duas mãos para o investimento privado, pois, embora traga argumentos para as escolhas e projete cenários futuros, ao mesmo tempo, ela não é rápida o suficiente para acompanhar as mudanças do mercado. Ocorre que o tempo necessário para que algo seja provado cientificamente pode ser maior do que um acionista está disposto a esperar para fazer o seu investimento ou do que o CEO de alguma empresa está disposto a atrasar a reunião para estipular quais serão as novas diretrizes. Por isso, até que se prove cientificamente que algo irá acontecer, alguém já investiu naquele negócio inovador e já se passou tanto tempo que o mercado ficou saturado, não sendo mais um bom investimento. Assim, é necessário colocar na balança: até que ponto esperar uma tendência se concretizar, até que ponto arriscar.

Para aquelas pessoas que não gostam de arriscar, não jogam pôquer e não andam de montanha-russa porque existe uma chance de cair, um bom negócio é a franquia, que é uma estratégia de mercado de venda de licença, em que o franqueador ("pai" da ideia) cede ao franqueado (aquele que quer começar) o direito de uso da sua marca, a infraestrutura, o conhecimento e o direito de distribuição exclusiva ou semiexclusiva. A lógica da franquia é comprar um modelo de negócios pronto e com retorno rápido, em que o risco de não dar certo é pequeno. No entanto, paga-se por isso. Pode-se pagar apenas *royalties* para o franqueador, ou também o chamado fundo de propaganda, taxas que podem variar de 5% a 10% do lucro líquido da empresa. Basicamente, quanto menor o risco do investimento, maiores as taxas.

Para os jogadores de pôquer e apaixonados por montanhas-russas grandes e perigosas, a franquia não é uma boa opção, pois, de certo modo, ela limita o empreendedorismo e estipula diretrizes rígidas para serem seguidas. Não há muito espaço para a inovação. Por exemplo, o dono de uma franquia do McDonald's no centro de Londres jamais poderá inovar no lanche e trocar picles por cenoura em conserva, mesmo que sinta que cenouras em conserva são a grande chave para que, finalmente, o McDonald's conquiste o paladar dos ingleses. Nos modelos de negócios sustentáveis, essa questão é ainda mais séria, uma vez que esse modelo já é, no seu cerne, uma inovação, e, para ter continuidade e sobrevivência, também é necessário permitir que esteja em constante mudança.

Empreendedores preferem arriscar e ter a possibilidade de inovar. Por exemplo, Luiz Seabra nos contou que, na década de 1960, quando teve a ideia de criar uma empresa de cosméticos que realizava venda direta de produtos, foi desestimulado. Acreditava-se que as pessoas jamais estariam dispostas a pagar por produtos de beleza. No entanto, Seabra já possuía uma pequena loja de produtos de beleza, frequentada pelas pessoas do entorno. Percebendo que o movimento era grande, concluiu que não apenas seus vizinhos, mas muito mais gente estaria disposta a pagar por sua consulta estética e seus produtos. Aquilo que uma pesquisa estatística teria dificuldade de provar, para Luiz Seabra já era certeza, e, com a ajuda de outros sócios, criou a Natura Cosméticos. Hoje, a Natura é uma das maiores empresas do Brasil e vem constantemente ultrapassando recordes de lucratividade.

Por isso, além do argumento das tendências, é importante perceber a disposição do consumidor para aquele tipo mercado. Esse balanço entre percepção e prova científica é o tempero necessário para um investimento.

Na questão do aquecimento global, é interessante notar que, atualmente, embora alguns fatos climáticos não estejam cientificamente provados, como mudança da precipitação e ciclones tropicais, muitas pessoas já fizeram a sua escolha. A relação interpessoal entre personalidade e clima mudou muito nos últimos anos, e, mesmo que nem todas as mudanças no clima sejam confirmadas, muitas pessoas já estão dispostas a reduzir a quantidade de carbono emitido, pois sabe-se que algo não natural está acontecendo.

Por isso, diante das incertezas científicas, o empreendedor não pode ter dúvidas. A ciência, com certeza, ajuda nas tomadas de decisões – as tendências climáticas, por exemplo, apenas foram observadas graças aos experimentos científicos – , mas, aliadas a essas tendências, as percepções de um bom empreendedor também devem pesar nessa balança, visto que, ao final, o que sempre fará a diferença é a escolha do consumidor. E, para um bom empreendedor, a resposta para o título deste texto é: o mercado de carbono **não** é um investimento de risco.

Mercados de carbono

Crédito carbono

O primeiro tipo de mercado em que se pode investir, relacionado ao aquecimento global, está baseado nas imposições políticas do Protocolo de Kyoto. Esse protocolo estabeleceu normas sobre a redução de emissões de gases do efeito estufa e metas a serem atingidas por países que tenham emitido mais gases no passado, basicamente países desenvolvidos.

Os países que assinaram o protocolo colocaram-se na obrigação de criar políticas públicas para a redução de gases do efeito estufa. Assim, suas empresas foram obrigadas a reduzir a quantidade de gases do efeito estufa emitidos.

No entanto, algumas empresas não estavam conseguindo atingir as metas, enquanto outras as estavam ultrapassando (reduziam mais do que precisavam), ou alguns países estavam conseguindo, enquanto outros não. Partindo da lógica de que o clima é global e a redução da quantidade de gases do efeito estufa na atmosfera pode ser feita em qualquer lugar do mundo, criou-se um mercado permitindo que as empresas com maiores reduções pudessem vender créditos para aquelas que não conseguissem reduzir. A lógica é simples: se A precisa reduzir 200 toneladas de carbono e reduziu apenas 100 toneladas, mas é colega de B, que também precisava reduzir 200 toneladas, mas reduziu 300 toneladas, B pode vender essas 100 toneladas para A e, com isso, todos atingem as suas metas.

Assim, o carbono foi colocado na bolsa de valores como uma *commodity* e, de acordo com a lei geral da oferta e da procura, seu preço sobe ou desce. Por isso, aquele investidor que queira partir para essa área pode comprar e vender ações de carbono.

O mercado de carbono na bolsa de valores, no entanto, ainda é dependente de importantes variáveis externas e, por isso, seu preço oscila bastante. Em 2006, o valor gerado foi de cerca de US$ 40 bilhões e, em 2007, quase dobrou, chegando a cerca de US$ 66 bilhões. Em junho de 2008, o valor da tonelada chegou ao seu ápice, US$ 30,00, mas começou a cair e quase colapsou com a crise econômica mundial, chegando a menos de US$ 10, 00 por tonelada. Em 2009, ele voltou a crescer, aumentando 6% em relação a 2008, atingindo um valor de US$ 143,7 bilhões movimentados no ano e chegando a cerca de US$ 20,00 a tonelada (KOSSOY; AMBROSI, 2010). Por isso, embora o mercado de carbono tenha gerado bastante dinheiro, ainda precisa se consolidar.

O primeiro problema é que os Estados Unidos, o país com maior emissão de gases do efeito estufa, não assinaram o protocolo. Assim, milhares de empresas que seriam possíveis compradoras de carbono na bolsa de valores não precisam se preocupar com essa questão. Embora existam tendências de os Estados Unidos entrarem no mercado, criarem um protocolo paralelo/local, ou alguns estados aderirem independentemente, o mercado de carbono sempre será considerado frágil sem a incorporação do país como um todo. O segundo ponto é que as metas estipuladas no Protocolo de Kyoto deveriam ser revisadas em outras convenções, por exemplo, em Copenhagen e em Cancun, e, para resumir a história em poucas palavras, isso não aconteceu. Por isso, o mercado ainda encontra muitas barreiras.

Mas o mercado de carbono na bolsa de valores não é o único meio de investir em um modelo de negócios que esteja focado na redução dos gases do efeito estufa. Aliás, para os jogadores de pôquer, provavelmente não é o mais divertido e inovador. Esse mercado ainda apresenta infinitos nichos para serem explorados e descobertos.

Energias limpas

O petróleo é considerado o principal vilão do aquecimento global, pois é usado como combustível em grande parte dos motores ao redor do mundo. Assim, a ação mais lógica é substituir essa substância oleosa por outra fonte de energia que não emita carbono – as chamadas energias limpas.

As energias limpas são uma grande solução para a substituição do petróleo. Além de não emitirem gases do efeito estufa, a maioria das tecnologias é dependente de recursos inesgotáveis – como vento ou sol. No entanto, é necessário tomar cuidado, pois nem tudo são flores. As energias limpas são consideradas "limpas" simplesmente por não emitirem carbono. Outros impactos ambientais que não o aquecimento global podem estar relacionados a elas. A danificação de água potável, perda de terra para a agricultura ou perda de biodiversidade são alguns exemplos.

Por isso, o investimento em energia limpa deve estar sempre acompanhado da transparência dos impactos ambientais e sociais que ela possa causar, pois, no futuro, se esses impactos transparecerem, a empresa pode ficar suja.

Energia eólica

A energia eólica é considerada uma das mais limpas entre as inventadas até hoje. Na verdade, é considerada até bucólica por alguns; a pá girando com o vento traz paz e tranquilidade para quem observa – pela televisão, porque de perto é um grande barulho e não traz nenhuma paz. A instalação de aerogeradores, os famosos "cata-ventos", causa a mesma reação que estações de tratamento de esgoto; a população é extremamente favorável, desde que não seja no seu quintal. Também existe um problema de mudança da beleza cênica local, que irrita muitos admiradores da natureza.

É interessante ler as opiniões de um dos maiores cientistas vivos do clima e criador da teoria de Gaia, James Lovelock. Ele é incisivamente contra a instalação de aerogeradores para a utilização de energia eólica – principalmente na Inglaterra. Embora tenha argumentos técnicos contra esse tipo de energia, a sua maior reclamação é que irá modificar a beleza da paisagem dos campos ingleses em que viveu quase toda a sua vida.

Ele também admite que é da turma do NIMBY – acha legal mas *Not in My Backyard* (não no meu quintal).

Fora o problema com os vizinhos, que é considerado mínimo quando comparado aos relacionados à queima do petróleo, a energia eólica é uma grande invenção. O problema do vizinho pode ser facilmente resolvido e, na verdade, campos abertos longe de áreas urbanas são considerados os melhores pontos para a instalação dessa energia, já que há maior circulação de vento. Um segundo ponto seria que a energia gerada em cada aerogerador é pequena, e sempre é preciso um número grande desses equipamentos. O que também não é um grande problema, pois a área ocupada por cada um é relativamente pequena.

Tantas vantagens e o baixo impacto das desvantagens fazem com que o maior investimento em energia limpa seja em energia eólica*. Atualmente, ela é usada em 82 países, sendo que, na Dinamarca e nos Estados Unidos, por exemplo, ela representa mais de 20% da fonte de toda energia utilizada (REN21, 2010). E, para os próximos anos, ainda existe muito espaço no mercado.

Energia solar

A energia solar é usada em uma escala principalmente doméstica. Muitas casas utilizam painéis solares para esquentar a água. O modo de esquentar pode ser indireto, em que primeiro o sol esquenta células fotovoltaicas (dispositivos feitos de silício) que geram energia esquentando a água, ou direto, em que o próprio sol esquenta a água.

Um problema da energia solar é a dependência das condições climáticas para a captação de energia. Quando está frio e há uma grande necessidade de água quente para poder realmente acordar de manhã, a falta de sol não ativou as células fotovoltaicas e não esquentou a água. Embora existam dispositivos para evitar tal desconforto, eles têm de ser ligados várias horas antes do uso, o que normalmente não é feito. Esse é o tipo de coisa que se lembra justamente quando a água fria entra em contato com o corpo.

*Em 2008, foram investidos US$ 59 bilhões, 45% do total investido em energia limpa. Em 2009, essa porcentagem saltou para 56%, e foram investidos US$ 67 bilhões. Em um prazo de dez anos (1999 a 2009), a produção de energia eólica saltou de cerca de 18 GW (Gigawatts) para 160 GW.

Um segundo momento de se lembrar das placas solares é na hora de pagar a conta, pois elas barateiam o preço. Isso porque a energia é captada de modo doméstico, e, por isso, sem custo.

Também é importante refletir que a energia solar só pode ser captada onde há sol! Por isso, em países com baixo índice de insolação não é aconselhável instalar placas solares nas residências. Essa característica fez o investimento nesse tipo de tecnologia cair 27% no ano de 2007 (REN21, 2010). O que aconteceu foi que os países que mais investiram em energia limpa no ano de 2009 são de clima frio ou subtropical.

Mesmo assim, atualmente, estima-se que 70 milhões de casas ao redor do mundo esquentem a água através de energia solar.

Biocombustíveis

Os biocombustíveis estão entre as energias limpas que podem ficar sujas com o tempo, embora ainda sejam uma ótima ideia. A lógica dos biocombustíveis é substituir a gasolina dos carros por derivado de plantas oleaginosas como soja, babaçu e mamona, ou plantas como cana-de-açúcar, mandioca ou beterraba. Com o uso de combustível a partir dessas plantas, teoricamente, a quantidade de carbono agregado a mais na atmosfera é zero.

A conta é simples: usa-se o combustível no motor dos carros e libera-se CO_2; no entanto, para produzir aquele combustível, foi necessário cultivar plantas que, para crescer, realizaram fotossíntese e capturaram CO_2. Assim, na conta final, aquele carbono emitido pelo motor dos carros apenas representa uma volta do carbono capturado pelas plantas anteriormente. Vale lembrar que, com o petróleo, ocorre a mesma situação. Contudo, ele representa a volta do carbono capturado pelas plantas há milhões de anos – só que essa captura foi a responsável pela amenização do clima e pelo desenvolvimento da civilização, e hoje, digamos, não é aconselhável mexer em problemas do passado.

A América Latina é o grande produtor de biocombustíveis no mundo, e a produção localiza-se principalmente no Brasil. O que aconteceu no Brasil foi um investimento do desenvolvimento dessa tecnologia na década de 1990. Com o aumento do preço do petróleo nessa década, o Brasil começou a buscar meios de não depender da flutuação do mercado externo e encontrou o álcool feito da cana.

Em 2008, os biocombustíveis foram a terceira energia limpa mais investida no mundo – investiu-se US$ 18 bilhões. No entanto, com a crise econômica, o investimento caiu e, em 2009, foram investidos apenas US$ 7 bilhões (REN21, 2010). Atualmente, os biocombustíveis equivalem a 8% do consumo mundial de combustíveis, valor considerado ainda baixo, mas com grandes perspectivas de crescimento no futuro. As expectativas de produtores na América Latina, principalmente no Brasil, são de que grandes mercados, como o europeu e o americano, comecem a importar o combustível produzido.

Como foi dito, nem tudo são flores para os biocombustíveis. Como há uma necessidade de produção em larga escala, as plantas, matéria-prima de biocombustíveis, são cultivadas em sistema de monocultura. O problema é que essa falta de heterogeneidade elimina grande parte da biodiversidade local e, consequentemente, os seus serviços ambientais prestados.

Um segundo problema está relacionado à contaminação de lençóis freáticos no entorno das plantações. O resíduo da produção de biocombustíveis, chamado de vinhoto, é altamente contaminante e, se não for descartado corretamente, pode levar a grandes impactos ambientais na região.

Um terceiro impacto da produção de biocombustíveis, nesse caso, apenas relacionado à cana-de-açúcar, é a queima da cana e as condições do trabalhador desse setor. Para facilitar o corte, a cana é queimada, o que libera carbono na atmosfera. Tal fato faz perder completamente o sentido de ser uma energia limpa, pois se elimina mais carbono na atmosfera do que se retira.

Um último ponto é a saúde do trabalhador nessas plantações. Existe um problema grave de migração e preconceito entre regiões relacionadas a esse tipo de trabalho, além de estudos científicos mostrarem que muitos trabalhadores desse setor trabalham mais do que os escravos nos séculos XVII e XVIII.

No entanto, como há grande preocupação de conquistar o mercado externo, produtores na América Latina já buscam soluções para os problemas encontrados no plantio dos biocombustíveis.

A questão das grandes plantações homogêneas e vazias de

biodiversidade ainda não foi resolvida e, provavelmente, não será. As soluções, nesse caso, estão na regeneração de áreas naturais, que compensariam a perda da biodiversidade.

O problema do vinhoto já encontra soluções mais avançadas. Grandes usinas apresentam locais específicos para a contenção desse material e, para evitar a contaminação, usam-no na própria adubação da plantação. No entanto, é necessário atenção em áreas de recarga de aquíferos, que são mais sensíveis à contaminação.

Os problemas da queima e da saúde do trabalhador estão em processo de mudança, principalmente no Brasil. Leis locais obrigaram as usinas de biocombustíveis a mecanizar toda a sua produção e evitar a queima e, com isso, reduzir o número de trabalhadores migrantes. Isso evitaria o problema da emissão de carbono e os problemas relacionados às questões sociais.

Grande parte dos problemas dos biocombustíveis está sendo analisada pelo mercado externo para a incorporação desse tipo de energia, que, fora algumas externalidades, é mais limpa que o petróleo. Uma autoavaliação interessante que algumas usinas de biocombustíveis estão fazendo é através dos relatórios de sustentabilidade. Para alcançar o mercado externo, muitas usinas já usam as diretrizes do GRI para mostrar quão limpa é a produção de biocombustível.

Hidrelétricas

A energia hidrelétrica é a obtenção de energia elétrica através do aproveitamento do potencial hidráulico de um rio. Constrói-se uma barragem, aumenta-se o desnível da água e usa-se a energia potencial acumulada nesse desnível para girar as turbinas e gerar energia elétrica – esse é um dos exemplos mais presentes nas aulas de física do segundo grau. E não é por menos: a eficiência energética é em torno de 95%.

Tal vantagem fez com que o investimento em hidrelétricas fosse bem alto no passado, e hoje representa grande parte da energia obtida no mundo.* De toda a energia utilizada no mundo, 16% é proveniente de usinas hidrelétricas, enquanto

* O maior crescimento de energia hidrelétrica tem ocorrido na China, que dobrou sua capacidade entre 2004 e 2009. Estados Unidos, Brasil e Canadá também são grandes produtores de energia hidrelétrica, no entanto, quando comparados à China, o uso é pequeno. A China produz cerca de 197 GW por ano, e os outros países grandes produtores não passam de 90 GW, embora muitos tenham previsões de aumento desse sistema.

todos os outros tipos de energia limpa somados representam 3% (REN21, 2010).

No entanto, a instalação de uma usina hidrelétrica apresenta algumas pedras no caminho. O primeiro problema é a necessidade de locais com desníveis geográficos. Se não existem grandes desníveis, não é gerada energia suficiente para compensar os custos de construção e manutenção da usina. Por essa razão, os grandes investidores nesse tipo de energia são países de grande extensão territorial, em que a probabilidade de existir algum desnível geográfico é maior. Aí estão inclusos China, Estados Unidos, Canadá e Brasil.

O segundo problema das usinas hidrelétricas é o grande impacto ambiental causado com a sua instalação. Acontece que, com a instalação de uma barragem, a água é interrompida e grande parte da região lateral do rio é inundada, formando-se o chamado lago.

O problema dessa inundação é que regiões laterais de rios fazem parte de um sistema ambiental muito complexo, chamado de várzea, o qual, nos períodos de maior quantidade de chuva, está inundado e, em períodos com menor quantidade de chuva, está seco. Esse sistema de cheia e seca durante o ano cria um ambiente extremamente fértil e rico, pois muitas espécies presentes na cheia morrem na seca, "alimentando" o solo com nutrientes. Em locais como esses, por exemplo, é que grandes civilizações, como a egípcia e povos da Mesopotâmia, se desenvolveram.

Em razão da riqueza de nutrientes, também existe uma rica biodiversidade. É comum encontrar espécies raras e sensíveis a mudanças ambientais nesses locais, pois apresentam uma rica fonte de recursos.

Enfim, com a inundação da várzea do rio, o ciclo de cheia e seca desaparece, assim como grande parte da biodiversidade associada ao local. Existem estudos mostrando que grandes populações de onça-pintada, grandes veados e porcos selvagens foram reduzidos a praticamente poucos indivíduos ou desapareceram em regiões em que foram formados grandes lagos. Também é comum verificar o fim da migração de peixes que sobem o rio para desovar, já que no meio do caminho existe um grande muro.

Alguns lagos de usinas são de proporções gigantescas. A usina de Porto Primavera, no Brasil, por exemplo, apresenta um lago com cerca de 2.250 km^2, uma área praticamente do tamanho de Luxemburgo (SHIBATTA; DIAS, 2006), e estudos mostram que grandes mamíferos que eram comuns nessa região já não existem mais.

Na tentativa de encontrar uma solução, existe uma tendência de instalar usinas menores e mais compactas, em que o lago formado não é tão grande. O que se faz é substituir uma grande usina por pequenas centrais hidrelétricas (PCHs).

No mundo, cerca de 10% da energia hidrelétrica já é proveniente de PCHs, e esse número tende a ter uma grande expansão nos próximos anos. Para médios empreendedores, essa é uma grande notícia, pois muitos governos estão incentivando a construção de PCHs através da iniciativa privada. As vantagens dadas pelos governos apresentam diferenças locais, no entanto, algumas podem ser generalizadas, como: grandes descontos nos encargos de uso dos sistemas de transmissão e distribuição da energia, isenção da compensação financeira pela utilização de recursos hídricos, incentivos fiscais e financiamentos com baixos juros por bancos estatais.

Existem outros tipos de energia renovável ou limpa que não os citados aqui. Alguns exemplos são: energia retirada da movimentação das marés, já relativamente antiga, mas que o inventor britânico Alvin Smith promete revolucionar e expandir daqui a uns anos com o seu interessante "Searaser"; a energia azul ou poder de osmose, que é retirada da diferença de salinidade entre a água do mar e a água do rio e já foi aprovada em laboratório; a geotérmica, que é a energia retirada do calor obtido do interior da terra e que teve um investimento de US$ 2 bilhões apenas no ano de 2009.

O crescimento do investimento em energias limpas

No contexto geral, o investimento em energias limpas está aumentando, embora tenha sofrido com a crise econômica no final de 2008. Seguidos relatórios do Programa das Nações Unidas para o Meio Ambiente – PNUMA –, publicados junto com relatórios do Renewable Energy Policy Network for the 21st Century (REN21, 2010), têm mostrado um interessante quadro de investimento e uso de energias limpas*.

Em 2009, os principais investidores foram Estados Unidos, Europa e China. Nesse ano, elas representaram cerca de 60% da energia instalada na Europa e 50% nos Estados Unidos. Na China, 53% de todo o investimento feito em energia foi direcionado às energias limpas. Atualmente, elas suprem 19% do consumo global.

Um dos dados mais importantes no decorrer dos anos foi a quantidade de países que incorporaram políticas públicas encorajando o desenvolvimento de energia limpa. Entre 2005 e 2009, passou de 55 para 100 países, quase a metade de todos os países do mundo. Isso, teoricamente, significa dizer que metade dos governos mundiais está destinando verbas nacionais a baixos juros para que empreendedores invistam na produção de energia em que não haja queima de combustíveis fósseis.

* Em 2006, foram investidos cerca de US$ 65 bilhões no mundo em energias limpas. No ano de 2007, esse investimento aumentou quase 60% e chegou a US$ 104 bilhões. No ano de 2008, o total investido foi de US$ 130 bilhões. Em 2009, foram investidos US$ 150 bilhões. Já em 2009, alguns setores foram muito afetados com a crise econômica; os biocombustíveis e energia solar, por exemplo, tiveram decréscimo do investimento.

REDD

Existem duas maneiras de reduzir a quantidade de carbono na atmosfera: reduzir a quantidade de carbono queimado (através de energias limpas) ou plantar árvores. Recapitulando o esquema da fotossíntese: as plantas capturam o $C0_2$ da atmosfera e, com a ajuda de outros compostos, o transformam em matéria-prima. Assim, quanto mais árvores, mais matéria-prima e menos $C0_2$ na atmosfera.

Criou-se, nessa lógica simples, um mecanismo chamado de REED (Redução de Emissões por Desmatamento e Degradação), que não é tão simples assim de ser concretizado. Esse mecanismo foi criado para poder recompensar financeiramente aquelas pessoas que não desmatam. Também criaram o REED +, para recompensar aquelas que plantam.

Na mesma lógica do crédito carbono, o mecanismo de REED é a venda de carbono na forma de *commodity*, proveniente, nesse caso, de floresta em pé. Por exemplo, supondo que em 1 hectare de Floresta Amazônica existam 10 mil toneladas de carbono, o dono da área poderia vender 10 toneladas de carbono para alguém que precise reduzir a emissão desse elemento. No REDD+, também se considera a opção de alguém reflorestar uma área e vender como crédito carbono. Uma incontestável vantagem do REED+ em relação ao mercado de carbono comum é que ele vai além da redução de carbono. Como se trata não apenas da floresta, mas de todo um ecossistema, também são preservados outros serviços ambientais.

Há uma intensa discussão política sobre esse mecanismo. Embora pareça uma piada, uma das importantes questões é a grande quantidade de florestas que existem no mundo. O medo é que, como há muito carbono fixado nessas florestas, não haja compradores suficientes. Assim, o preço do carbono irá baixar e todo o mercado pode quebrar. Embora paradoxal em relação à situação de degradação ambiental em que vivemos, o medo do inchaço do mercado é uma preocupação importante. Atualmente, já existem algumas implementações, mas estão, principalmente, baseadas em exemplos pontuais e financiamentos voluntários.

ESTUDO DE CASO (BIOFÍLICA, 2010)

Vendendo não apenas carbono

Um exemplo de modelo inovador foi criado por um grupo de investidores, cientistas e políticos brasileiros. Eles tentaram aliar a redução do desmatamento na Amazônia com a criação de "ecocréditos" (termo criado por eles mesmos).

Para criar os tais créditos, a empresa, chamada Biofílica, arrenda áreas na Amazônia e investe na sua preservação integral. Com a proteção, a área é aprovada por uma agência certificadora especializada e, com isso, criam-se os ecocréditos, relacionados principalmente às emissões de CO_2.

Primeiramente, a ideia é a mesma que o mecanismo de REED. No entanto, a inovação da Biofílica é não apenas focar os créditos carbono, mas sim permitir que, com a evolução do mercado, esses ecocréditos possam ser transformados em outros produtos que poderão surgir. Um exemplo seria o controle da precipitação mundial, já que a Floresta Amazônica regula as chuvas da América Latina e de inúmeras partes do mundo. Assim, alguém que esteja pensando em contribuir com a redução dos distúrbios do aquecimento global na distribuição das chuvas, poderia comprar tais ecocréditos e usá-los como certificado da sua ação.

O fim, o começo, o meio e tudo o mais

A ciência, muitas vezes, avança por "serendipidade", ou seja, muitas descobertas são feitas por acaso, resultado da sorte. Talvez o caso mais famoso desse tipo de descoberta tenha acontecido com Alexander Fleming, que, após contaminar suas amostras de bactérias com fungos, descobriu que eles produziam uma toxina bactericida. Com a ajuda de outros pesquisadores norte-americanos, Fleming conseguiu sintetizar a penicilina e combater centenas de doenças provenientes de bactérias. A penicilina tornou-se um dos mais poderosos fármacos da história da humanidade e Fleming ganhou o prêmio Nobel de Fisiologia/Medicina de 1945. Outros casos também são famosos, como quando um dos estagiários de Louis Pasteur quebrou um dos seus vidros experimentais, ajudando-o a encontrar provas de que a vida não era gerada espontaneamente.

No entanto, algumas descobertas envoltas pelo acaso não estão, necessariamente, ligadas à sorte. Um caso interessante aconteceu quando começaram os estudos sobre mecanismos de regulação da temperatura dos animais. É importante dizer que, em locais com invernos rigorosos, duas soluções são encontradas nos animais: eles podem hibernar ou dormir profundamente. Em termos gerais, a diferença entre elas é: um animal que hiberna não acorda durante o inverno, ao passo que, dormindo profundamente, pode acordar. Assim, uma bióloga resolveu medir a temperatura anal de um urso hibernando. No entanto, o urso acordou, descobrindo-se que eles não hibernam, apenas dormem profundamente (SCHMIDT-NILSEN, 2002).

Outro caso foi o da descoberta de que tubarões são sensíveis a vibrações mecânicas. O fenômeno foi demonstrado em operações de resgate marinho. Aparentemente, quando os helicópteros chegavam para fazer o resgate, muitos tubarões também se aproximavam – uma situação inconveniente para a vítima. Com a ajuda de outros experimentos, percebeu-se que eram as vibrações dos motores dos helicópteros que atraíam os tubarões (POUGH *et al.*, 2003).

Contudo, temperada de sorte ou não, a ciência tem nos fornecido ferramentas para o progresso da sociedade. Ao descobrir as funções da biodiversidade, por exemplo, podemos entender o quanto é ruim a alta taxa de extinção – desde ataques de tubarões até impossibilidade de descobertas de novos fármacos. E, embora estejamos longe de um comportamento condizente com a biodiversidade, muitas mudanças já ocorreram em decorrência das descobertas científicas.

O uso da terra também se tornou parte da preocupação de muitas pessoas. O movimento para um consumo consciente, as utilizações de orgânicos, entre outras atitudes, já se tornaram movimentos representativos na sociedade. E, embora ainda precisem de certa consolidação, certamente não é algo que irá recuar. Ainda estamos longe do ideal, mas muitas soluções já estão ocorrendo.

A água, um bem essencial e diário, também já começa a ser usada racionalmente. A "vantagem" da água é que seu impacto é mais visível do que outros recursos. Primeiramente, em virtude da própria poluição visual de rios e lagos: não conseguimos perceber se alguma espécie está sendo extinta apenas olhando para uma floresta, mas é fácil perceber quando um rio está poluído ou não. O segundo ponto é a questão econômica. Como a água é basicamente fornecida pelo Estado, quanto mais escassa, mais caro se paga por ela. Por isso, o desperdício é sentido diretamente no que se paga pelo seu uso. Ainda estamos distantes de um uso sustentável da água, mas muitas das chaves para esse modelo já estão sendo formadas.

Por fim, o aquecimento global é, entre os temas retratados aqui, o mais comentado. Isso talvez seja perigoso. Diante da massificação das notícias e discussões, ele pode cansar interessados pelo assunto e se tornar repetitivo e entediante. Por isso, embora muitas ações já estejam sendo feitas, muito tem que ser descoberto e informado de maneira mais transparente. A mistura entre verdades e inverdades é pouco saudável para o tema. Cada vez mais, precisamos de experimentos mostrando o que é prova científica e o que não é. E, quando não for, devemos ser sinceros e dizer que ainda não há evidências. A transparência das ações é um ato que deve permear todas as partes da sociedade.

No resumo das análises, ainda temos um longo caminho pela frente. Ainda há uma grande distância entre o que a ciência já descobriu e o que é usado pela sociedade e pelos negócios.

No fim, o mundo ainda será sempre feito de escolhas. E nunca haverá escolhas certas e erradas. O contexto e o tempo irão dizer quais são as melhores escolhas. Relembrando o caso do leopardo: se ele vive em um ambiente de extrema escassez de recursos e raramente pode encontrar um filhote de zebra, a melhor escolha que poderá ser feita, quando encontrar um, é predá-lo. No entanto, se ele vive em um local com abundância de recursos, predar o filhote não será, necessariamente, a melhor escolha. Cabe a cada um entender o seu contexto e dizer quais são as suas melhores escolhas.

***

Referências Bibliográficas

BALME, G., HUNTER, L.; SLOTOW, R. Feeding habitat selection by hunting leopards *Panthera pardus* in a woodland savanna: prey catchability versus abundance. **Animal Behaviour**, London, v. 74, n. 3, p. 589-598, Set. 2007.

BARROW-WILLIAMS, T. **An examination of the role of business in fostering behaviour change for sustainability.** 2010. 77 p. Master dissertation. Faculty of Natural Science, Centre for Environmental Policy, Imperial College London, London. 2010.

BEATO, R. S.; SOUZA, M. T. S.; PARISOTTO, I. S. Rentabilidade dos índices de sustentabilidade empresarial em bolsas de valores: um estudo do ISE/Bovespa. **Revista de Administração e Inovação**, São Paulo, v. 6, n. 3, p. 108-12, set.-dez., 2009.

BEGON, M.; TOWNSEND, C. R.; HARPER, J. L. **Ecologia:** de indivíduos a ecossistemas. Porto Alegre: Artmed, 2007. 752p.

BIOFÍLICA. **Modelo de negócios.** Disponível em: <http://www.biofilica.com.br/website/index.html> Acesso em: 5 out. 2010.

BOUCHER, S.; HOBBS, B. Europe and its think tanks: a promise to be fulfilled. **Notre Europe Studies and Research**, Paris, v. 35. Out. 2004, 160p.

BRASIL. Sistema Nacional de Unidades de Conservação. Lei n. 9.985, 18 jul. 2000. **Diário Oficial da União**, Brasília, v. 138-e, n. 138, p. 3690, 19 jul. 2000. Seção 1, pt. 1.

BROWN, L. **Building a sustainable society**. Washington: Worldwatch Institute, 1981. 440p.

CAPES (Coordenação de Aperfeiçoamento de Pessoal de Nível Superior). **Tabela de Áreas de Conhecimento.** Disponível em: <http://www.capes.gov.br/avaliacao/tabela-de-areas-de-conhecimento>. Acesso em: 23 ago. 2009.

______. **Cursos de pós-graduação recomendados.** Disponível em: <http://www.capes.gov.br/cursos-recomendados>. Acesso em: 1 abr. 2009

CARMO, R. L. Population and Water Resources in Brazil. In: HOGAN, D. J.; BERQUÓ, E.; COSTA, H. S. M (Orgs.). **Population and environment in Brazil:** Rio + 10. Rio de Janeiro: CNPD-ABEP-NEPO, 2002. 312p.

CAROA, T.; JONESEC, T.; DAVENPORT, T. R. B. Realities of documenting wildlife corridors in tropical countries. **Biological Conservation**, Washington, v. 142, n. 11, p. 2807-2811, nov. 2009.

CASHMORE, M. The role of science in environmental impact assessment: process and procedure versus purpose in the development of theory. **Environmental Impact Review**, New York, v. 25, n. 4, p. 403-426, May 2004.

CASTRO, H; GIANNASI, F.; NOVELLO, C. A luta pelo banimento do amianto nas Américas: uma questão de saúde pública. **Ciência & Saúde Coletiva**, São Paulo, v. 8, n. 4, p. 903-911, ago. 2003.

CAVALCANTI, S. M. C. **Predator-Prey relationships and spatial ecology of jaguars in the Southern Pantanal, Brazil:** Implications for Conservation and Management. 2008. 140 p. PhD Dissertation of Philosophy in Wildlife Biology. Utah State University, Logan. 2008.

CLARK, J. I. Thomas Robert Malthus. In: PALMER, J. A. **50 grandes ambientalistas:**

de Buda a Chico Mendes. São Paulo: Contexto, 2006. 318p.

COELHO, A. M. **Produtos orgânicos como segmento de mercado:** análise do cenário e contribuições para sua expansão como negócio sustentável. 2010. 191 p. Dissertação de mestrado. Escola Superior de Conservação Ambiental e Sustentabilidade, Mestrado em Conservação da Biodiversidade e Desenvolvimento Sustentável. Nazaré Paulista. 2010.

CONSTANZA, R.; D'ARGE, R.; GROOT, R. *et al.* The Value of the world's ecosystem services and natural capital. **Nature**, London, v. 387, p. 253-260, May 1997.

CORCORAN, E. *et al.* **Sick water? The central role of waste-water management in sustainable development:** a rapid response assessment. Arendal: United Nations Environment Programme, 2010. 88p.

CPDRC. **China Population and Development Research Center.** Disponível em: <http://www.cpirc.org.cn>. Acesso em: 20 Set. 2010.

DALY, H. **Ecological economics and sustainable development:** selected essays of Herman Daly. Cheltenham: Edward Elgar Publishing, 2007. 270p.

DAWKINS, R. **O gene egoísta.** Belo Horizonte: Itatiaia, 2001. 230p.

DIAMOND, J. **Armas, germes e aço:** os destinos das sociedades humanas. 9. ed. Rio de Janeiro: Record, 2007. 472p.

DICKSON, P. **Think tank.** New York: Ballantine Books. 1971. 397p.

DINDA, S. Environmental Kuznets Curve hypothesis: a survey. **Ecological Economics**, Boston, v. 49, n. 4, p. 431-455, Ago. 2004.

DRENT, P. J.; WOLDENDORP, J. W. Acid rain and eggshells. **Nature**, London, v. 339, n. 8, p. 431-432, Jun. 1989.

ELKINGTON, J. **Cannibals with Forks:** the triple button line of 21st century business. Oxford: Capstone. 1997. 410p.

EUROSIF – European Sustainable Investment Forum. **Venture capital for sustainability 2007.** Paris: Eurosif, 2007. 21p.

EUROSTAT – Statistics in focus. Population and social conditions. Disponível em: <http://epp.eurostat.ec.europa.eu/portal/page/portal/statistics/themes>. Acesso em: 10 Out. 2009.

FAO – Organização das Nações Unidas para Agricultura e Alimentação. **The State of Food and Agriculture.** Rome: FAO, 2009. 168p.

FAOSTAT. **Food and Agriculture Organization of the United Nations statistics.** Disponível em: <http://faostat.fao.org/site/609/default.aspx#ancor>. Acesso em: 4 nov 2010.

FOLEY, J. A.; DeFRIES, R.; ASNER, G. P.; *et al.* Global Consequences of Land Use. **Science,** New York, v. 309, n. 5734, p. 570-574, Jul. 2005.

FORBES, S. A. The lake as a microcosm. **Illinois National History Survey Bulletin**, Champaign, v. 15, n. 9, p. 537-550, 1925.

FREITAS, C. M.; SCHÜZ, G. E.; OLIVEIRA, S. G. Environmental sustainability and human well-being indicators from the ecosystem perspective in the Middle Paraiba Region, Rio de Janeiro State, Brazil. **Cadernos de Saúde Pública**, Rio de Janeiro, v. 23, n. 4, p. 513-528, ago. 2007.

FREUD, S. **Moisés e o monoteísmo.** Rio de Janeiro: Imago, 1997. 120p.

FÜRSTENAU, V. A política de crédito rural na economia brasileira pós-1960. **Ensaios Fundação de Economia e Estatística**, Porto Alegre, v. 8, n. 1, p. 139-154, 1987.

FUTUYAMA, D. J. **Biologia evolutiva.** 2. ed. São Paulo: Funpec, 2002. 631p.

GALDINO, S.; VIEIRA, L. M.; PELLEGRIN, L. A. **Impactos ambientais e socioeconômicos na Bacia do Rio Taquari – Pantanal.** Corumbá: Embrapa Pantanal. 2006. 356p.

GEM – Global Entrepreneurship Monitor. **Empreendedorismo no Brasil 2009.** Curitiba: Ed. IBPQ, 2010. 165 p.

GRENPEACE. **Caught red handed:** How Nestlé's use of palm oil is having a devastating impact on rainforest, the climate and orangutangs. Amsterdam: Greenpeace International, 2010. 1Flat3 p.

GRI. **Global Report Initiative.** Disponível em: <http://www.globalreporting.org/ReportServices/GRIReportsList/>. Acesso em: 3 out. 2010.

GROOM, M. J. Threats to Biodiversity. In: (______.); MEFFE, G. K.; CARROLL, C. R. (Orgs). **Principles of conservation biology.** 3. ed. New York: Sinauer Associates Inc, 2006. 63-110p.

GROOM, M. J. ORIANS, G. H.; Global biodiversity: patterns and processes. In: (______.); MEFFE, G. K.; CARROLL, C. R. (Orgs). **Principles of conservation biology.** 3. ed. New York: Sinauer Associates Inc., 2006. p. 302-370.

GROOM, M. J.; VVYNNE, C. H. Habitat Degradation and Loss. In: (______.); MEFFE, G. K.; CARROLL, C. R . (Orgs). **Principles of conservation biology.** 3. ed. New York: Sinauer Associates Inc, 2006. p. 173-212.

REVISTA EXAME. Guia Exame Sustentabilidade 2009. São Paulo: Abril, 2009.

GVCES-FUNBIO. **Juruti sustentável:** diagnóstico e recomendações. São Paulo: GVCes. 2008. 127 p. Disponível em: <http://www.alcoa.com/brazil/pt/juruti_info_page/Juruti_port.pdf>. Acesso em: 15 set. 2010.

IMF – International Monetary Fund. **World Economic and Financial Surveys:** 2008 edition. Disponível em: <http://www.imf.org/external/pubs/ft/weo/2008/02/weodata/index.aspx>. Acesso em: 20 nov. 2010.

INPE – Instituto de Pesquisas Espaciais. **Projeto Prodes:** taxas anuais de desmatamento. Disponível em: <http://www.obt.inpe.br/prodes/prodes_1988_2009.htm>. Acesso em: 22 set. 2010.

IPEA – Instituto de Pesquisa Econômica Aplicada. **Brasil:** Indicadores Macroeconômicos – séries históricas. Disponível em: <http://www.ipeadata.gov.br/ipeaweb.dll/ipeadata?168491171>. Acesso em: 22 set. 2010.

______. **Brasil:** Indicadores Sociais – séries históricas. Disponível em: <http://www.ipeadata.gov.br/ipeaweb.dll/ipeadata?SessionID=135204364&Tick=1290019531521&VAR_FUNCAO=Ser_Temas(1828887186)&Mod=S>. Acesso em: 22 set. 2010.

IUCN – International Union for Conservation of Nature. **Red List of Threatened Species.** Disponível em: <http://www.iucnredlist.org>. Acesso em: 10 set. 2010.

KARL, T. R.; JERRY, M. M.; PETERSON, T. C. (Eds.). **GCCIUS:** Global climate change impacts in the United States. Cambridge: Cambridge University Press, 2009. 192 p.

KINGSLAND, S. E. Defining ecology as a science. In: REAL, L. A.; BROWN, J. H (Eds.). **Foundations of ecology:** classic papers with commentaries. Chicago: The University of Chicago Press, 1991. 905p.

KIT KAT. **About Kit Kat.** Disponível em: <http://www.kitkat.com/about_kitkat>. Acesso em: 5 nov 2010.

KNUSTON, T.; McBRIDE, J. L.; CHAN, J. *et al.* Tropical cyclones and climate change. **Nature Geoscience**, London, v. 157, n. 3, p. 157-163, 2010.

KOSSOY, A.; AMBROSI, P. **State and trends of the carbon market 2010**. Washington: WBI – World Bank Institute, 2010. 78p.

KREBS, C. J. Ecology after 100 years: progress and pseudo-progress. **New Zealand Journal of Ecology**, Wellington, v. 30, n. 1, p 3-11, Jan. 2006.

KROSINSKY C.; ROBINS N. **Sustainable investing:** the art of long term performance. London: Earthscan. 2008. 244p.

LAURANCE, W. F.; ALBERNAZ, A. K. M.; COSTA, C. O desmatamento está acelerando na Amazônia brasileira? **Biota Neotrópica**, Campinas, v. 2, n. 1, p. 1-9, mar. 2002.

LEE, N. Bridging the gap between theory and practice in integrated assessment.

Environmental Impact Review, London, v. 26, n. 1, p. 57-78, Jan. 2006.

LOSEY, J. E.; VAUGHAN, M. The economic value of ecological services provided by insects. **BioScience**, Berkeley, v. 56, n. 4, p. 311-323, Abr. 2006.

LOUREIRO, C. F. B. Crítica ao fetiche da individualidade e aos dualismos na educação ambiental. In: (______.) (Org.). **Educação ambiental, gestão pública, movimentos sociais e formação humana.** São Carlos: Rima, 2009. p. 2-27.

LOVELOCK, J. **Gaia:** A new look at life on Earth. Oxford: Oxford University Press, 1979. 155p.

LOWE, B. **Green Revolution:** coming together to care for creation. Downers Grove: IVP Books, 2009. 207p.

LUNDQVIST, J.; FRAITURE, C; MOLDEN, D. **Saving water:** from field to fork – curbing losses and wastage in the food chain. Huddinge: SIWI Publications, 2008. 36p.

LYNDERMAN, R. The trophic-dynamic aspect of ecology. **Ecology**, Ithaca, v. 23, n. 4, p. 339-417, Oct. 1942.

MALCOLM, J. **Forecast of demand for investment in water and sanitation systems of Latin America:** 2006-2017. Boston: INTS 4345, 2006. 23 p.

MAY, R. M. How many species are there on Earth? **Science**, New York, v. 241, n. 4872, p. 1441-1449, Set. 1988.

MAZON, R. **Negócios sustentáveis e seus indicadores**. In: KEINERTT. M. M. **Organizações sustentáveis:** utopias e inovações. São Paulo: Annablume. 2007. p. 37-50.

MAZZAFERA, P.; YAMAOKA-YANO, D. M.; VITÓRIA, A. P. Para que serve a cafeína em plantas? **Revista Brasileira de Fisiologia Vegetal**, Campinas, v. 8, n. 1, p. 67-74, jan. 1996.

MEBRATU, D. Sustainability and sustainable development: historical and conceptual review. **Environmental Impact Assessment Review**, New York, v. 18, n. 6, p. 493-520, Nov. 1998.

MEFFE, G. K.; CARROLL, C. R.; GROOM, M. J. **What is conservation biology?** In: (______.) (Orgs). **Principles of Conservation Biology.** 3. ed. New York: Sinauer Associates Inc., 2006. p. 3-26.

MENDES, R. Asbesto (amianto) e doença**:** revisão do conhecimento científico e fundamentação para uma urgente mudança da atual política brasileira sobre a questão. **Cadernos de Saúde Pública,** Rio de Janeiro, v. 17, n. 1, p. 7-29, Jan./Fev. 2001.

MMA – Ministério do Meio Ambiente. **Cadastro Nacional de Unidades de Conservação.** Disponível em: <http://www.mma.gov.br/sitio/index.php?ido=conteudo.monta&idEstrutura=119>. Acesso em: 5 out. 2010.

______. **Áreas prioritárias para a conservação, utilização sustentável e repartição de benefícios da biodiversidade brasileira.** Disponível em: <http://www.camara.gov.br/internet/comissao/index/perm/capr/index-rap10112004.htm>. Acesso em: 5 out. 2010.

MYERS, N; Mittermeier, R.; Mittermeier, C. G.; Fonseca, G. A. B.; Kent, J. Biodiversity hotspots for conservation priorities. **Nature**, London, v. 403, n. 24, p. 853-858, Feb. 2000.

NAPAP. **National Acid Precipitation Assessment Program.** Disponível em: <http://ny.cf.er.usgs.gov/napap/index.html>. Acesso em: 5 set. 2010.

NATURE EDITORIALS. Earth's boundaries? An attempt to quantify the limits of humanity's load on our planet opens an important debate. **Nature**, London, n. 461, p. 447-448, Sep. 2009.

NOBEL PRIZE. **The Nobel Peace Prize 1970.** Disponível em: <http://nobelprize.org/nobel_prizes/peace/laureates/1970/> Acesso em: 5 jun. 2010.

OECD – Organization for Economic Co-operation and Development. **Health Data 2010:** statistics and Indicators. Disponível em: <http://www.oecd.org/document/16/0,3343,en_2649_34631_2085200_1_1_1_1,00.html> Acesso em: 1 abr. 2010.

OECD – Organization for Economic Co-operation and Development. Water quality and conservation. **OECD Observer,** Paris, n. 278, p. 31, Mar. 2010.

OLSON, D. M.; DINERSTEIN, E. The Global 200: priority ecoregions for global conservation. **Annals of the Missouri Botanical Garden**, Washington, n. 89, v. 2, p. 199-224, Abr. 2002.

ONU – United Nations. **World Urbanization Prospects**: the 2007 revision. New York: United Nations Department of Economics and Social Affairs, 2008. 230p.

OTA – Organic Trade Association. **The World of organic agriculture:** statistics & emerging trends. Disponível em: http://www.ota.com/organic/mt/business.html. Acesso em: 2 nov. 2010.

PALMER, J. A. **Cinquenta grandes ambientalistas de Buda a Chico Mendes.** São Paulo: Contexto, 2006. 318 p.

PARMESAN, C.; MATTHEWS, J. Biological impacts of climate change. In: GROOM, M. J.; MEFFE, G. K.; CARROLL, C. R. (Orgs). **Principles of conservation biology.** 3. ed. New York: Sinauer Associates Inc., 2006. p. 333-374.

PECHMANN, J. H. K.; WAKE, D. B. Enigmatic declines and disappearances of amphibian populations. Case study 3.1. In: GROOM, M. J.; MEFFE, G. K.; CARROLL, C. R. (Orgs). **Principles of Conservation Biology.** 3. ed. New York: Sinauer Associates Inc., 2006. p. 93.

PETERSON, J. M.; MARSH, T. L.; WILLIAMS, J. R. Conserving the Ogallala aquifer: efficiency, equity, and moral motives. **Choices**, Wisconsin, n. 18, v. 1, p 15-18, Feb. 2003.

PIMM, S. L.; RAVEN, P. Extinction by numbers. **Nature**, London, n. 403, p. 843-845, Feb. 2000.

POUGH, F. H.; JANIS, C. M.; HEISER, J. B. **A vida dos vertebrados.** 3. ed. São Paulo: Atheneu, 2003. 699 p.

RAIMUNDO-FILHO, J. Indústria farmacêutica: vilã ou parceira? **Debates GVsaúde**, n. 3, p. 19-22, fev. 2007.

RAUP, D. M. The role of extinction in evolution. **Proceedings of the National Academy of Sciences of USA**, Irvine, n. 91, p. 6758-6763, Jul. 1994.

REINACH, F. **A longa marcha dos grilos canibais e outras crônicas sobre a vida no planeta Terra.** São Paulo: Companhia das Letras, 2010. 399p.

REN 21 – Renewable Energy Policy Network for the 21st Century. **Renewables 2010 Global Status Report.** Paris: REN 21, 2010. 79p.

REVENGA, C; BRUNNER, J.; HENNINGER, N.; PAYNE, R.; KASSEN, K. **Pilot analysis of global ecosystems:** freshwater systems. Washington: World Resources Institute, 2000. 65 p.

RIVAL, M. **As grandes invenções da humanidade.** Casa Verde: Larousse, 2010. 360p.

ROBINSON, J. Squaring the circle? Some thoughts on the idea of sustainable development. **Ecological Economics**, Boston, v. 48, n. 4, p. 369-384, Apr. 2004.

ROCKSTRÖM, J.; STEFFEN, W.; NOONE, K. *et al.* A safe operating space for humanity. **Nature**, London, v. 461, p. 471-475, Sep. 2009.

RUNNING USA. **Running USA's State of the Sport 2010.** Disponível em: <http://www.runningusa.org/node/57770#57852>. Acesso em: 5 Jul. 2010.

RUPPERT, E. E.; FOX, R. S.; BARNES, R. D. **Zoologia dos invertebrados:** uma abordagem funcional-evolutiva. 7. ed. São Paulo: Rocca, 2005. 1145 p.

SALMAN, A. **Pani Ghar:** case study of a social enterprise. Triple bottom-line magazine. Disponível em: <http://www.tbl.com.pk/pani-ghar-case-study-of-a-social-enterprise/>. Acesso em: 23 ago. 2010.

SANDERSON, E. *et al.* The human footprint and the last of the wild. **BioScience,** Berkeley, v. 52, n. 10, p. 891-904, Oct. 2002.

SCHINDLER, D. W. Effects of Acid Rain on Freshwater Ecosystems. **Science**, New

York, v. 239, n. 4836, p. 149-157, Jan. 1988.

SCHMIDT-NIELSEN, K. **Fisiologia animal:** adaptação e meio ambiente. 5. ed. São Paulo: Ed. Santos, 2002. 609p.

SHAH, S. **A história do petróleo.** Porto Alegre: L&PM, 2007. 240p.

SHIBATTA, O. A.; DIAS, P. J. H. **Quarenta peixes do Brasil:** CESP 40 anos. Três Lagoas: Dolis, 2006. 208p.

SIEGENTHALER, U; STOCKER, T. F.; MONNIN, E. *et al.* Stable carbon cycle-climate relationship during the Late Pleistocene. **Science**, New York, v. 310, n. 5752, p. 1313-1317, Nov. 2005.

SIMPSON, D. R. Biodiversity prospecting: shopping the wilds is not the key to conservation. **Resources for the Future**, Washington, n. 126, p. 12-15, Jan. 1997.

SMERALDI, R. **O novo manual de negócios sustentáveis.** São Paulo: Publifolha. 2009. 204p.

SNOW, J. **Sobre a maneira de transmissão do cólera.** 2. ed. São Paulo/Rio de Janeiro: Hucitec/Abrasco, 1990. 249p.

SOLOMON, S.; QIN, M. M. *et al.* (eds.). **Climate Change 2007:** the physical science basis. Contribution of working group I to the Fourth Assessment Report of the Intergovernmental Panel on Climate Change. Cambridge, United Kingdom and New York, NY, USA: Cambridge University Press, 2007. 996 p.

SOULÉ, M. E. What is conservation biology? **BioScience**, Berkeley, v. 35, n. 11, p. 727-734, Dec. 1985.

STRADIVARIUSVIOLINS. **Stradivarius violin history, prices & other information.** Disponível em: <http://www.stradivariusviolins.org>. Acesso em: 5 maio 2010.

SUTTON, M. Q.; ANDERSON, E. N. **Introduction to cultural ecology.** Oxford: Berg, 2004. 384p.

TAIZ, L.; ZEIGER, E. **Fisiologia vegetal.** Porto Alegre: Artmed, 2004. 719p.

TEEB – The Economics of Ecosystems and Biodiversity. **Mainstreaming the economics of nature:** a synthesis of the approach, conclusions and recommendations of TEEB. Boon: PNUMA, 2010. 37p.

TNS. **Global Market Research:** Our green world. London: TNS, 2008. 19 p.

TRYZINA, T. C. (Org). **A sustainable world: defining and measuring sustainable development.** Sacramento and London: California Institute of Public Affairs and Earthscan for IUCN, 1995. 272p.

WHO – World Health Organization. **Progress on Sanitation and Drinking-Water.** Geneva: UNICEF, 2010a. 60p.

______. **Water global annual assessment of sanitation and drinking-water (GLAAS):** targeting resources for better results. Geneva: UNICEF, 2010b. 60p.

______. **Global Health Observatory.** Disponível em: <http://www.who.int/gho/en/>. Acesso em: 20 nov. 2010.

WILSON , E. O. **Biophilia.** Boston: Harvard University Press, 1984. 157p.

WOOD, S.; SEBASTION, K.; SCHERR, S. J. **Pilot assessment of global ecosystems: agroecosystems.** Washington: World Resources Institute, 2000. 65p.

WORLDMAPPER. **Water resources.** Disponível em: <http://www.worldmapper.org/display.php?selected=102>. Acesso em: 5 jun. 2010.

______. **Industrial water use.** Disponível em: <http://www.worldmapper.org/display.php?selected=325>. Acesso em: 20 jul. 2010.

WWAP – World Water Assessment Programme. **Facing the challenges**. London: Earthscan, 2009. 77p.

______. **Water, a shared responsibility.** New York: WWDR, 2006. 48p.

Anexo

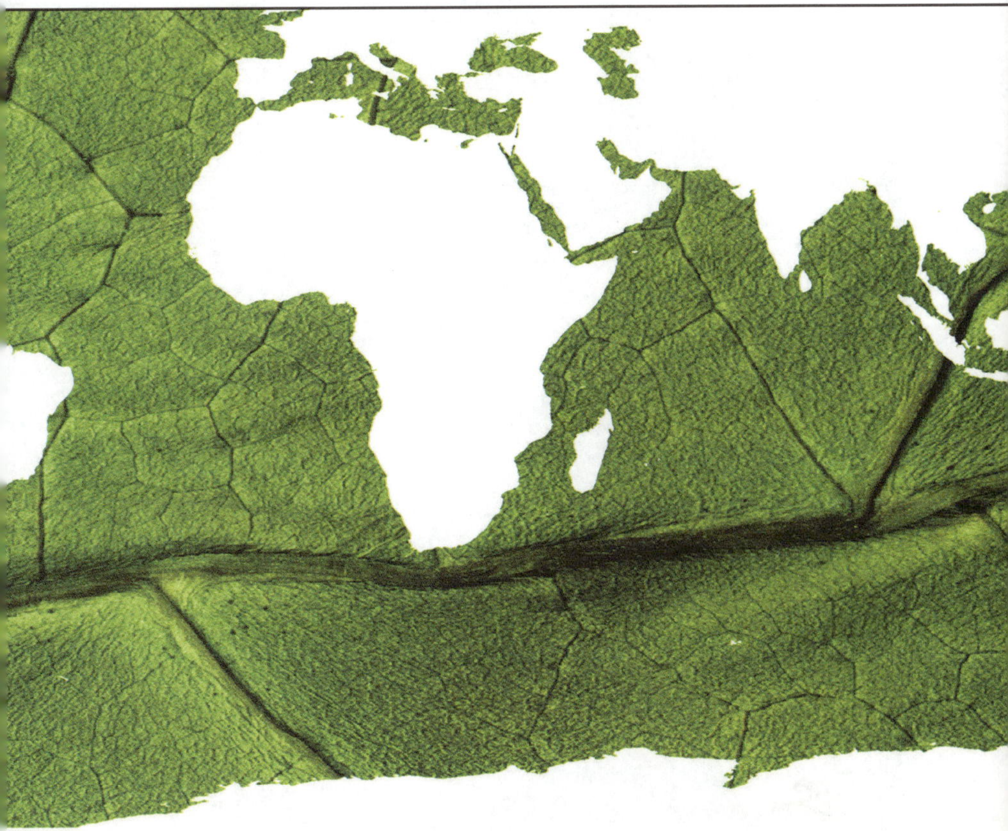

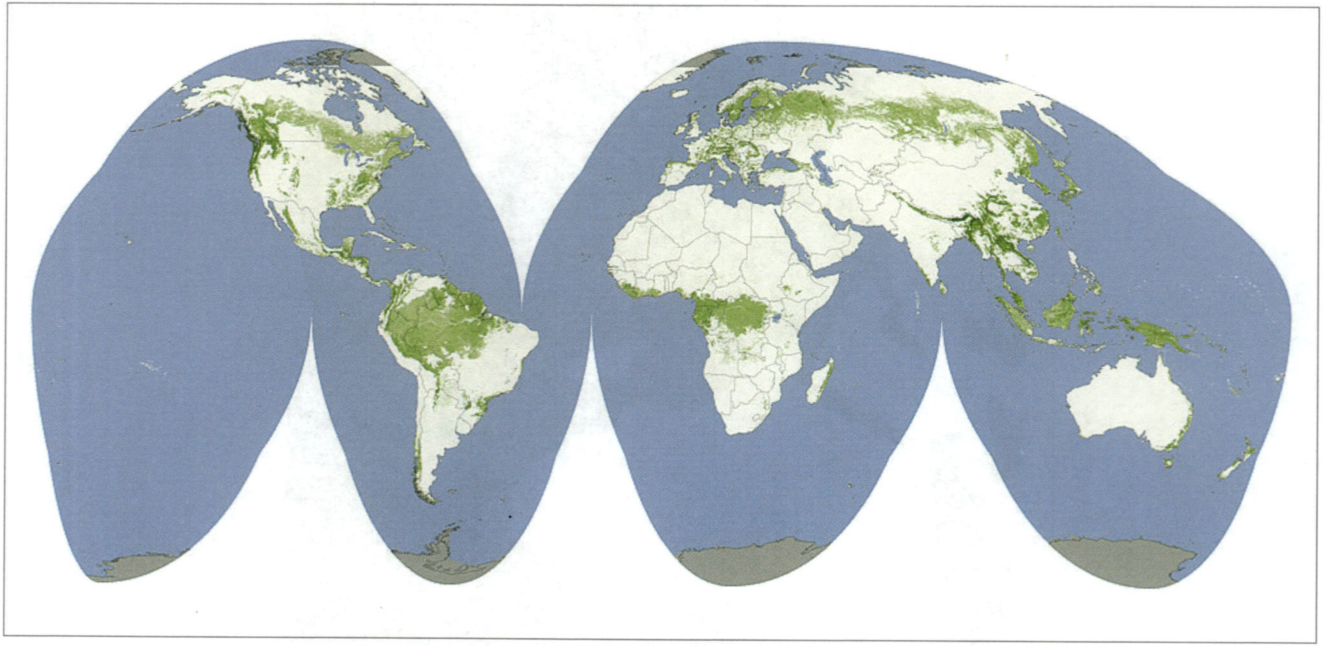

Figura 1. Mapa mostrando a cobertura florestal mundial. A intensidade da coloração verde está de acordo com a concentração florestal de cada local. Na região do Equador nota-se maior concentração; em termos gerais, na América do Sul a floresta amazônica, na África as florestas do Congo e de Madagascar e, na Ásia, as florestas de Bornéu e Sumatra. Nas regiões de maiores latitudes ao norte destaca-se a Floresta Boreal ou de Coníferas. Fonte: NASA Earth Observatory/Imagem de Jesse Allen e Robert Simmon. Baseado nos dados de Michel Lefsky, 2010.

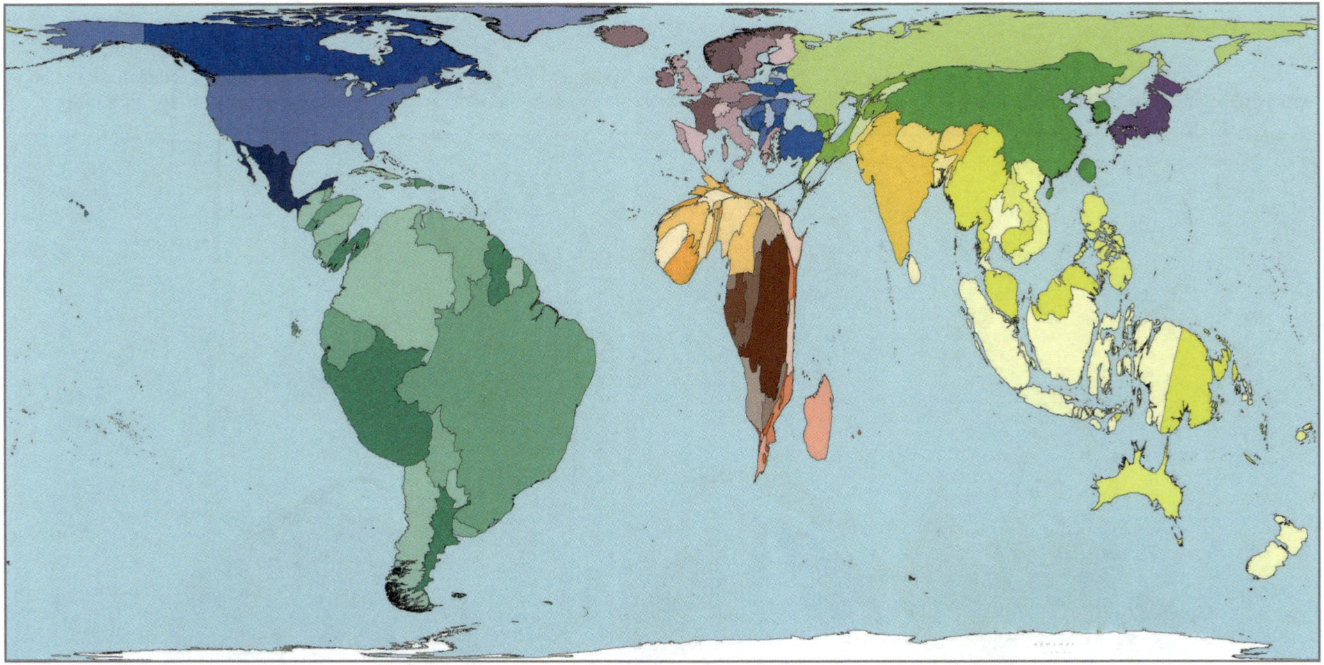

Figura 2. Mapa temático mostrando a quantidade de água disponível em cada país. O tamanho de cada país é proporcional à quantidade de água presente. Fonte: Wordmapper © Copyright SASI Group (University of Sheffield) and Mark Newman (University of Michigan), 2010.

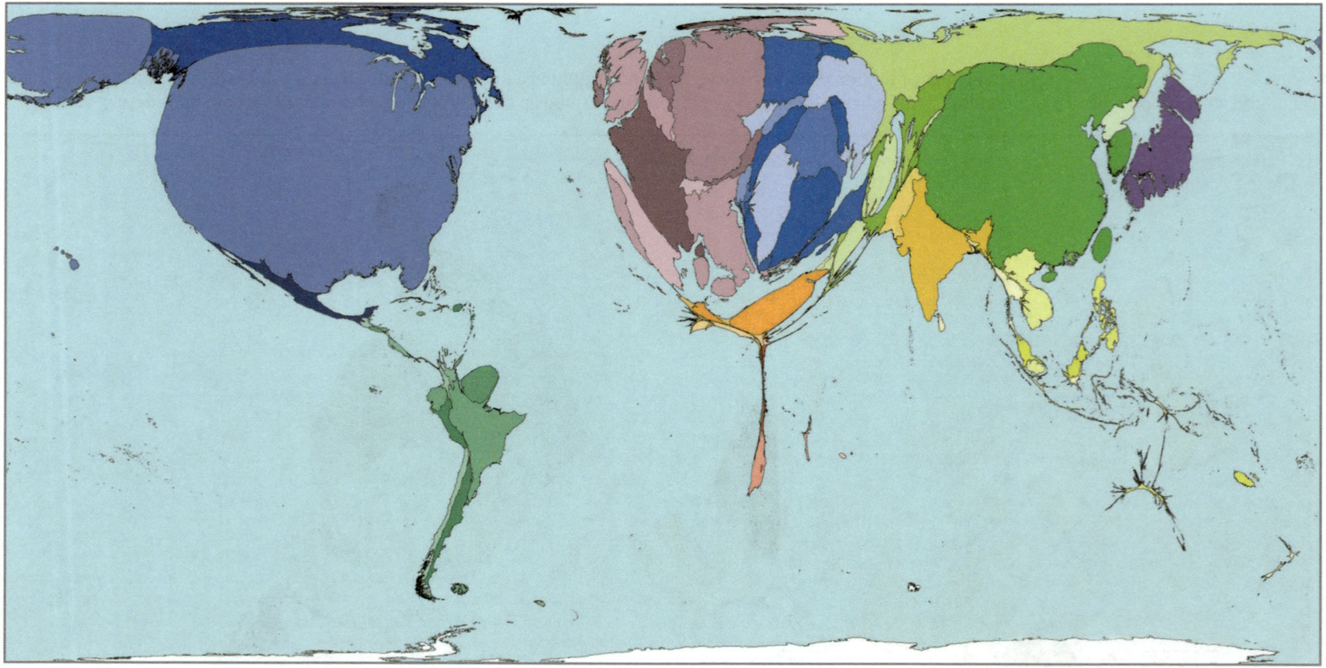

Figura 3. Mapa temático mostrando o uso de água pela indústria em cada país. O tamanho de cada país é proporcional à proporção de água que é usada. Fonte: Wordmapper © Copyright SASI Group (University of Sheffield) and Mark Newman (University of Michigan), 2010.

editoraurbana

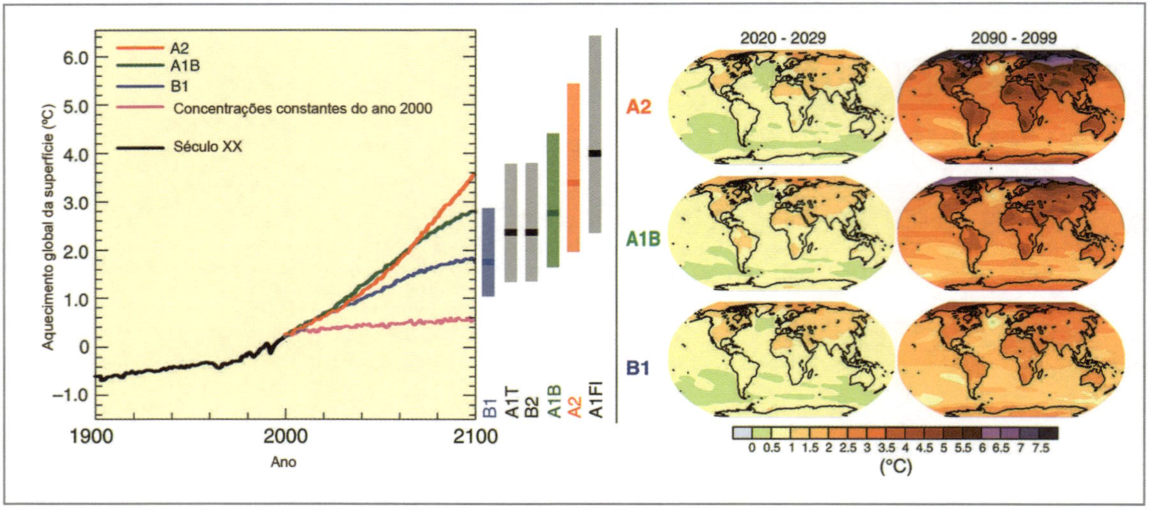

Figura 4. Painel da esquerda: linhas sólidas são modelos globais de aquecimento da superfície (relativos a 1980-1999) para os cenários A2, A1B e B1, mostradas como extensões das simulações do século XX. A linha laranja é referente ao experimento em que as concentrações ficaram constantes aos valores do ano 2000. As barras no meio da figura indicam a melhor estimativa (linha sólida dentro de cada barra) e a faixa provável avaliada para os seis cenários entre 2090-2099 relativos aos dados de 1980-1999. A avaliação da melhor estimativa e das faixas prováveis dentro das barras incluem os Modelos de Circulação Geral da Atmosfera-Oceano (AOGCMs) na parte esquerda da figura, bem como os resultados de uma hierarquia de modelos independentes e restrições das observações. **Painéis da direita**: projeções para mudanças na temperatura da superfície para o início do século XXI relativo aos dados de 1980-1999. Os painéis mostram as projeções médias dos múlti-AOGCMs para os cenários médios de A2 (alto), A1B (meio) e B1 (embaixo) através das décadas de 2020-2029 (esquerda) e 2090-2099 (direita). Fonte: IPCC AR4 Syntesis Report, Figura 3.2, 2007.